LES
VACANCES D'UN ACCOUCHEUR

DEUXIÈME VOYAGE EN AUVERGNE

EN 1879

PAR

Le Docteur BAILLY

PROFESSEUR AGRÉGÉ A LA FACULTÉ DE MÉDECINE DE PARIS.

PARIS
V. A. DELAHAYE ET Cⁱᵉ, LIBRAIRES-ÉDITEURS.
PLACE DE L'ÉCOLE DE MÉDECINE

1880

Leçons sur les maladies du système nerveux, faites à la Salpêtrière par le professeur Charcot, recueillies et publiées par le Dʳ Bourneville, rédacteur en chef du *Progrès médical*. 3ᵉ édit., revue et augmentée. 2 vol. in-8 avec 50 figures dans le texte et 20 planches, dont 15 en chromolithographie............ 26 fr.

 Cartonné... 28 fr. »

Traité de thérapeutique appliquée, basé sur les indications, suivi d'un précis de thérapeutique et de posologie infantiles et de notions de pharmacologie usuelle sur les médicaments signalés dans le cours de l'ouvrage, par J.-B. Fonssagrives, professeur de thérapeutique et de matière médicale à la Faculté de médecine de Montpellier, etc. 2 vol. in-8.............................. 24 fr. »

Traité d'anatomie pathologique, par le docteur Lancereaux, professeur agrégé à la Faculté de médecine de Paris, médecin des hôpitaux, etc. Tome Iᵉʳ, Anatomie pathologique générale. 1 vol. in-8 avec 267 fig. intercalées dans le texte.. 20 fr. »

 Cartonné.. 21 fr. »

— Tome II, première partie, Anatomie pathologique spéciale. Anatomie pathologique des systèmes : 1º système lymphatique. 1 vol. in-8 de 646 p., avec 90 figures intercalées dans le texte. Prix du tome II complet................. 26 fr. »

De l'influence des excitations cutanées sur la circulation et la calorification, par le Dʳ Joffroy, médecin des hôpitaux. In-8. 1878.................. 4 fr. »

De la pachyméningite cervicale hypertrophique (d'origine spontanée), par le Dʳ Joffroy, in-8 de 116 pages et 1 planche. 1873.............. 2 fr. 50

De la médication de l'alcool, par le Dʳ Joffroy. In-8............. 4 fr. »

Chimie pathologique. Recherches d'hématologie clinique ; les altérations du sang dans les maladies. Nouveau procédé de dosage de l'hémoglobine, pouvoir oxydant du sang ; matériaux solides du sérum, par le Dʳ Quinquaud, médecin des hôpitaux, avec une introduction de M. le professeur Schutzenberger. 1 vol. in-8. 6 fr. »

Des affections du foie, par le Dʳ Quinquaud, premier fascicule. In-8. de 104 pages, 1879...................... 2 fr. 50

Essai sur le puerpérisme infectieux chez la femme et chez le nouveau-né, par le Dʳ Quinquaud, 1 vol. in-8 de 276 pages et 17 fig. dans le texte. 1872.. 3 fr. 50

Étude sur les affections articulaires, par le Dʳ Quinquaud, n 8. 1876. 2 fr. 50

Contribution à l'étude des troubles de la circulation veineuse chez l'enfant et en particulier chez le nouveau-né, par le Dʳ Hutinel. In-8 de 170 p. 1877... 3 fr. 50

Du danger des médicaments actifs dans les cas de lésions rénales, par le Dʳ Chauvet. In-8 de 49 pages. 1877................ 1 fr. 50

Traité des maladies de l'estomac, par le Dʳ Leven, médecin en chef de l'hôpital Rothschild, etc. 1 vol. in-8....................... 7 fr. »

Guide élémentaire du médecin praticien, par le Dʳ Buchholtz. 1 vol. in-18.. 5 fr. »

Traité théorique et clinique de Percussion et d'Auscultation, avec un appendice sur l'inspection, la palpation et la mensuration de la poitrine, par E.-J. Woillez, médecin honoraire de l'hôpital de la Charité, etc. 1 vol. in-18 avec 101 figures intercalées dans le texte............... 10 fr. »

 Cartonné.. 11 fr. »

Traité des maladies de la peau, par I. Neumann, professeur de dermatologie et de syphilographie à l'université de Vienne, traduit sur la 4ᵉ édition, et annoté par les docteurs G. et E. Darin. 1 vol. in-8 avec 76 figures intercalées dans le texte.. 13 fr. »

Traité clinique et pratique de la phthisie pulmonaire et des maladies tuberculeuses des divers organes, par le professeur Lebert, 1 vol. in-8... 10 fr. »

Traité d'anatomie générale appliquée à la médecine. Embryogénie, éléments anatomiques, Tissus et systèmes, par L. Cadiat, professeur agrégé à la Faculté de médecine de Paris, etc., avec une introduction de M. le professeur Ch. Robin. Tome Iᵉʳ, 1 vol. in-8 avec 219 fig. dessinées par l'auteur........ 13 fr. »

Paris — A. Parent, imp. de la Faculté de Médecine, r. M. le-Prince, 29-31

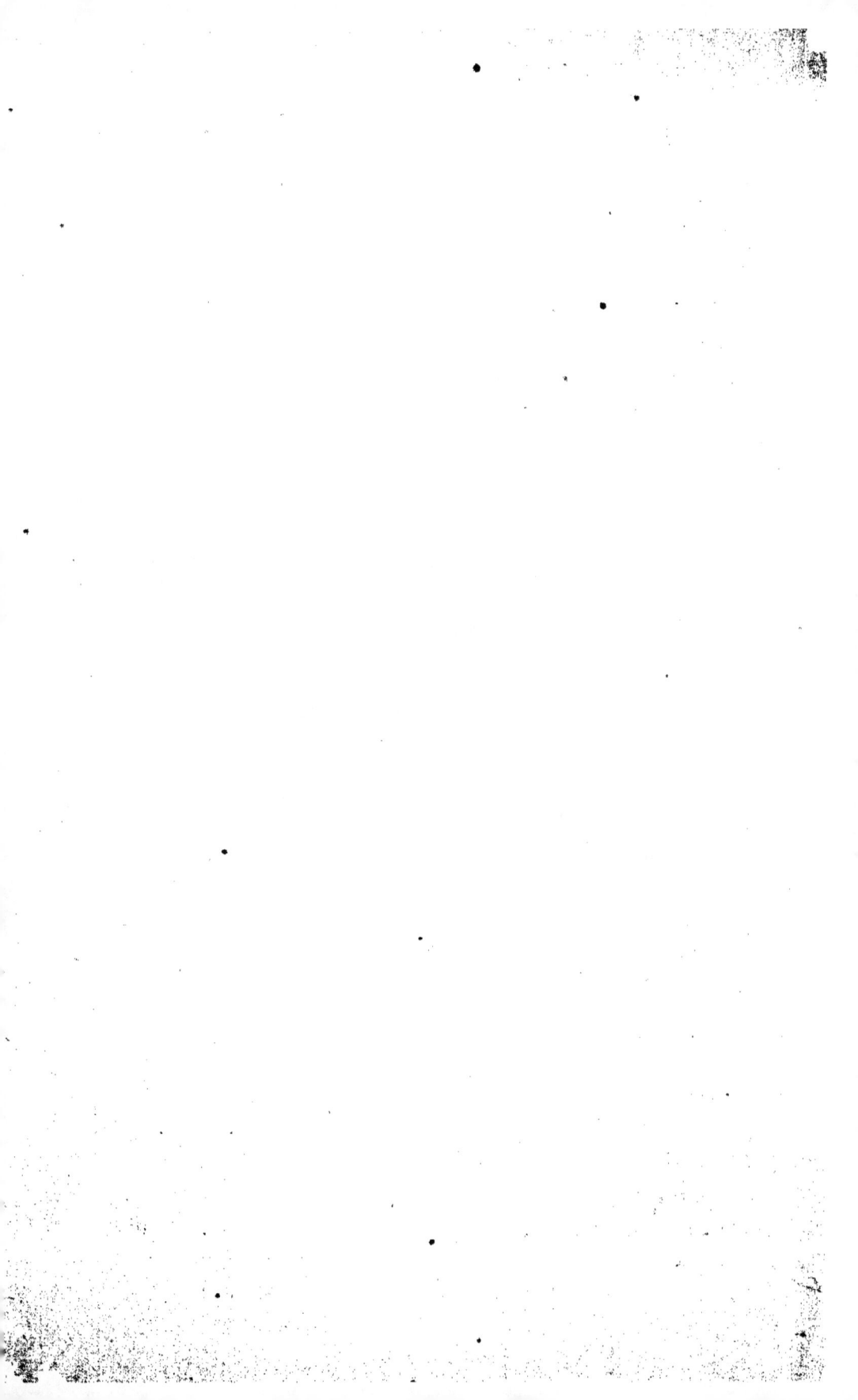

LES

VACANCES D'UN ACCOUCHEUR

~~~~~~~~~~

DEUXIÈME VOYAGE EN AUVERGNE EN 1879

LES
VACANCES D'UN ACCOUCHEUR

DEUXIÈME VOYAGE EN AUVERGNE

EN 1879

PAR

Le Docteur BAILLY

PROFESSEUR AGRÉGÉ A LA FACULTÉ DE MÉDECINE DE PARIS.

PARIS

V. A. DELAHAYE ET Cⁱᵉ, LIBRAIRES-ÉDITEURS.

PLACE DE L'ÉCOLE DE MÉDECINE

1880

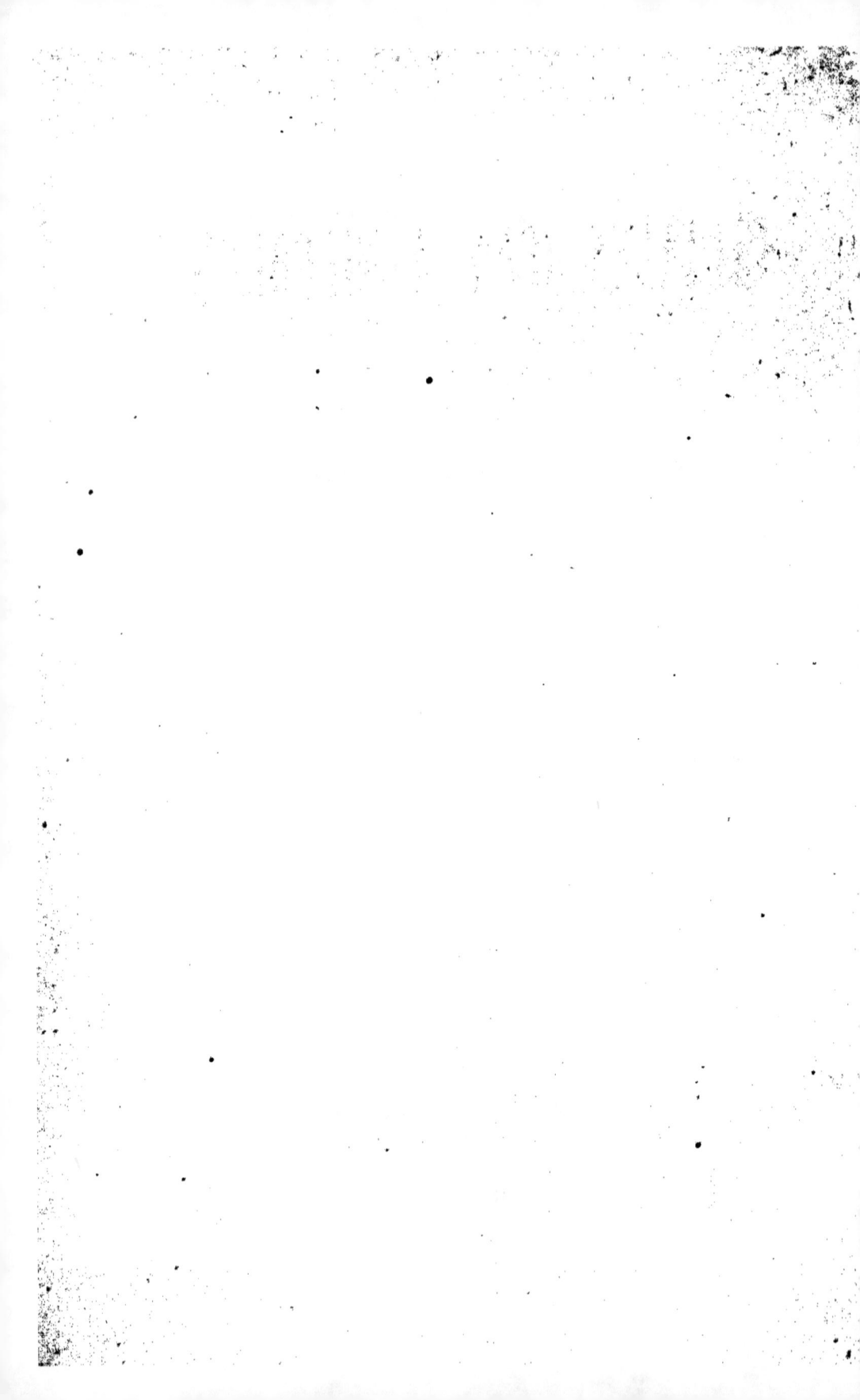

LES

VACANCES D'UN ACCOUCHEUR

DEUXIÈME VOYAGE EN AUVERGNE EN 1879

PREMIÉRE JOURNÉE.

A Monsieur le D' LESCHEVIN, à Paris.

Pongibaud (Puy-de-Dôme), 6 juillet 1879.

Mon cher confrère,

Vous êtes bien toujours le même, parisien incorrigible, incapable de vivre en dehors de Paris, et vous trouvant désorienté et malheureux dès que vous en avez franchi les murs. L'an passé j'ai voulu vous attirer en Auvergne, ce pays si curieux, où il y a tant à voir et à apprendre, vains efforts; vous n'avez pas dit non, mais vous êtes resté. Je désespère maintenant de rien gagner sur votre obstination, et vous laisse en paix. C'est donc moi, d'humeur plus vagabonde, qui ai dû y revenir, car j'avais promis aux Monts-Dômes et aux Monts-Dore une visite de vous ou de moi, en 1879, et il fallait se montrer fidèle à ces engagements. Entre nous, je préfère que ce soit moi qui sois chargé de les remplir, ayant à cœur de combler les lacunes de mon premier voyage, en visitant, cette année, les puys de Clermont, la vallée du Mont Dore, celle de la Cère, le Plomb du Cantal et le Lioran. Un congé de dix jours m'était nécessaire pour tout voir, et je n'ai pu résister au besoin de me l'accorder. Ce n'est pas que je n'eusse facilement trouvé l'emploi de deux semaines et même d'un mois bien complet; mais, en fait de vacances, on prend ce qu'on peut, et quand le mois vous est refusé, on se contente du tiers. Ainsi ai-je fait, et depuis ce matin me voici en Auvergne. Comme vous avez accueilli favorablement le récit de ma précédente tournée, je vous adresse la relation de celle-ci. Aura-t-elle le don de vous intéresser ? Je le souhaite ; je vous l'envoie du moins telle que les événements et mes impressions l'ont faite.

Hier soir, 5 juillet, je me suis donc présenté encore une fois à la gare de Lyon, et ce matin, de bonne heure, je débarquais à Riom (Puy-de-Dôme). J'avais revêtu pour ce nouveau voyage le costume que je portais l'an passé. Il est souple, léger, hygiénique, et j'y tiens ; mais, je ne le vois que trop, il n'en impose nullement, et je dois renoncer à l'espoir d'exercer jamais aucun prestige sous ce vêtement. Jugez en par ce qui m'arrive. Ce matin, à Riom, étant descendu par inadvertance du côté de la voie, un employé du dernier ordre, un homme d'équipe, qui s'en aperçut, me reprit de la façon la plus violente et la plus grossière, pestant contre « ces imbéciles » qui ne savent pas distinguer leur main droite de la gauche ; ajoutant que si un train me passait sur le corps « ce serait bien fait » ; accompagnant enfin ses réflexions charitables d'un geste ironique et méprisant, qui semblait dire : « eh bien, grand niais, te voilà bien avancé d'avoir enfreint le règlement ; va, tu ne diffères guère des paysans et des pâtrats de ton espèce ; tout aussi spirituel qu'eux. » Vous sentez combien mon amour-propre eut à souffrir de cette algarade. Mais ce n'est pas tout : hier soir, à Paris, l'employé préposé à la distribution des billets, en percevant le prix de ma place, avait éprouvé le besoin de me dire d'un ton protecteur : « Dame, c'est cher, mais aussi vous allez voyager en express ! » ce qui, si je ne me trompe, signifiait : l'express est une manière de voyager commode et rapide, à laquelle vous, pauvre diable, n'êtes pas accoutumé ; résignez-vous à payer cet avantage. » C'est ce misérable Azor qui m'attire des réflexions et des procédés aussi mortifiants ; à cause de lui on me prend pour quelque vieux compagnon serrurier effectuant son dixième tour de France et l'on me traite sans plus d'égards. Je vous assure, mon cher confrère, que j'en prends aisément mon parti, et ne me sens pas la force d'en vouloir aux personnes qui m'infligent ces petites humiliations. Il est si naturel de juger des gens sur le vêtement ! Ne l'avez-vous pas fait vingt fois et moi aussi ? Dites un peu si, appelé pour accoucher madame X. ou madame Y., et trompé par la mise élégante de celui-ci, vous n'avez pas salué trop civilement le majordome qui venait vous chercher, croyant saluer son maître ? Ainsi en sera-t-il toujours bien probablement ; on aura beau affirmer le contraire, nombre d'hommes resteront convaincus que l'habit fait le moine.

Dès sept heures du matin je m'acheminais vers les montagnes, après un rapide déjeûner fait à Riom. Vous dire si cette ville est petite ou grande, belle ou laide, bien ou mal située, me serait fort difficile; je n'ai guères fait que la traverser, voulant remplir aussi complètement que possible les rares journées dont je dispose, et n'ayant rien perdu de mon indifférence pour tout ce qui sort de la main des hommes. C'est une lacune de mon esprit que je constate en passant, et non mon éloge que je veuille faire, vous ne vous y trompez pas. Les œuvres humaines sont parfois belles, et c'est un tort que de ne pas savoir les apprécier; mais qu'y faire ? Comme vous, je subis les conséquences de mon organisation : vous n'estimez que Paris, moi, je ne puis être que l'homme de la nature. Oh oui, j'avais hâte de la revoir cette nature si belle et si grande de l'Auvergne; j'avais soif de la vue de ses montagnes, de ses rochers, de ses torrents ; j'avais soif surtout de ses vastes horizons et de cet azur incomparable que revêtent ses paysages quand l'air est pur et le soleil radieux. Aussi, sans même faire attention à la ville que je traversais, avec quelle ardeur me suis-je élancé sur la route de Volvic, et comme dans ce moment Azor me paraissait léger !

J'ai commencé la série de mes courses en allant visiter, à six kilomètres de Riom, le ravin d'Enval, gorge de peu de longueur, mais resserrée entre des parois à pic d'une belle syénite rougeâtre et de plusieurs centaines de pieds de hauteur. Au fond de cette gorge coule un torrent encombré de gros blocs détachés des parois, et l'ensemble offre l'image d'un désordre de la nature tel qu'on pourrait croire que rien n'existe au-delà de ce chaos; de là le nom significatif de *Bout-du-Monde* donné à ce ravin.

On l'aperçoit distinctement en quittant Riom, mais à mesure qu'on en approche, son entrée se dissimule si bien derrière les plantations et les maisons du village d'Enval, qu'à moins d'être guidé il est impossible de la découvrir; je me trouvai donc fort embarrassé pour savoir par où passer. « Mais vous n'aviez qu'à vous renseigner auprès des habitants, » me direz-vous ? Nullement, c'est aujourd'hui dimanche, j'arrivais à l'heure de la grand'messe, et, étant données les habitudes religieuses de l'Auvergne, toutes les personnes d'Enval parvenues à l'âge de discrétion étaient à l'église; il ne restait dans le village que des marmots dont les plus âgés pouvaient avoir six ans. J'en questionnai deux ou trois, mais eux aussi étaient en âge de discrétion, et ils poussèrent cette qualité jusqu'à me refuser tout éclaircissement sur ce qu'il m'importait de savoir. En attendant la fin de la messe je me mis à casser des pierres (c'est une occupation toute prête pour mes moments de désœuvrement), et j'en trouvai de fort belles. Puis j'étudiai les habitations d'Euval, dont la disposition la plus commune est la suivante : un rez-de-chaussée voûté, dont une moitié forme la cave et dont l'autre moitié est une étable. Au-dessus de cette voûte, un unique étage pour le logement de la famille; on y monte par un escalier extérieur en maçonnerie. Sur le tout, une toiture basse ne laissant guère de place pour un grenier. En somme c'est un chalet, mais un chalet lourd, massif, et ressemblant plutôt à la tour d'un vieux donjon qu'à la maison paisible d'un paysan de nos jours. Au bout d'une demi heure la messe étant finie, Enval se repeupla subitement, et grâce aux indications qu'on me donna, je pénétrai dans le Bout-du-Monde. Je pus donc examiner longuement cette étrange crevasse de la montagne, et admirer tout à mon aise un des coins de notre pays les plus curieux, les plus sauvages et les plus justement renommés pour leur austère beauté.

D'Enval je m'acheminai vers le château de Tournoël, vieux manoir féodal, qu'on aperçoit également de Riom, et dont les ruines sont fort belles. Il faut que ce château ne soit pas de date bien ancienne, ou que ses premiers seigneurs aient été de grands artistes, car, au lieu des bâtisses massives, presque informes, du moyen âge, Tournoël nous offre une construction élégante, ornée au dehors de fines sculptures du meilleur goût, et, à l'intérieur, de fresques bien peintes, que le temps et les intempéries n'ont pu complètement effacer. On y voit les restes d'une tour à bossage d'un fort beau travail, qui a dû coûter énormément de temps et de dépenses. Le château occupe le sommet d'une colline fort élevée, et si le seigneur du lieu désirait pouvoir, de chez lui, surveiller la Limagne, il ne pouvait choisir une position plus favorable. La vue sur la plaine est magnifique (le soleil voulait bien pour le quart d'heure me gratifier de sa lumière), et de là le regard n'est arrêté à l'horizon que par les montagnes de Thiers, qui sont assez élevées pour que des nuages bas en couvrissent le sommet pour l'instant.

Un chemin rapide m'a fait descendre de Tournoël dans la petite ville de Volvic, où je voulais déjeûner et me reposer pendant quelques heures. Dans ce court trajet j'ai pu constater une fois de plus à quel point ces bons Auvergnats sont curieux ; c'est là un trait de leur caractère qui m'avait déjà frappé l'an dernier. Près de Tournoël un paysan me rencontre et me salue; histoire d'entrer en conversation et de savoir qui je suis. Je vous reproduis textuellement ses questions, que, du reste, j'aurai à essuyer plus d'une fois ces jours-ci.

D. Où allez-vous donc comme ça?

R. Je vais faire un tour en Auvergne; votre pays est fort beau, et j'ai grand plaisir à m'y promener.

D. Ah, est-ce que vous êtes marchand, que vous portez un sac?

R. Je ne suis pas marchand, je voyage pour mon plaisir.

D. Alors vous avez de l'argent dans votre poche?

R. Pas beaucoup, mais assez pour payer ma nourriture et mon coucher.

D. Vous n'avez donc ni femme ni enfants que vous voyagez tout seul?

R. Si fait, j'ai de la famille, mais elle est restée à la maison.

D. Alors vous leur avez laissé du pain en partant?

R. Certainement, beaucoup de pain.

D. Pourquoi donc avez-vous un marteau sur vous?

R. C'est pour casser des pierres, et prendre un échantillon de celles qui me plaisent.

D. Tiens, vous ramassez des pierres; ça vous donne-t-il beaucoup de profit?

R. Je ne vends pas mes pierres; j'en donne à mes amis, et je garde les autres pour moi.

Ici une grimace qui semble dire : singulière occupation, drôle de goût. Puis la conclusion de ce verbiage, c'est que les temps sont durs, que lui en particulier n'est pas heureux, et que ce que je voudrai bien lui donner sera prêté au Seigneur.

L'an passé déjà l'esprit d'inquisition de ces braves gens s'était donné carrière à mon égard, et un vigneron des environs de Champeix, mettant de côté toute retenue, en était arrivé à me faire, sur ma vie privée, des questions d'une nature tellement intime que, malgré mon désir de tout vous dire, je ne puis décemment vous raconter quelle conversation cet enragé questionneur m'aurait imposée, si je n'avais pris soin de le renvoyer à ses vignes.

Et ne croyez pas que le peuple seul se laisse aller vis-à-vis des étrangers à des questions un peu trop familières, des hommes d'une certaine éducation ne sont pas exempts de ce défaut; le fait m'a été certifié par Lecoq, le professeur célèbre et le généreux concitoyen qui a consacré sa vie et sa fortune à l'embellissement de sa ville natale, et dont Clermont-Ferrand pleurera longtemps la mort. Ce savant naturaliste était allé, pour la centième fois peut-être, visiter son cher Puy-de-Dôme en compagnie d'un ami, et, surpris par un orage, il avait dû chercher un abri au hameau de la Baraque, attendant là qu'une diligence pût le ramener à Clermont. L'intérieur de la voiture était occupé par un homme convenablement vêtu, mais questionneur opiniâtre, qui, sans perdre de temps, se mit à interroger Lecoq et son ami sur leur position sociale. « Ces messieurs, leur dit-il, après les avoir regardés un moment, sont sans doute des ingénieurs ? » « Non, monsieur. » Une pause, puis au bout de quelques instants il recommence : « Ces messieurs sont peut-être employés des finances ? » « Non, monsieur. » Enfin, poussé à bout par sa curiosité et n'y tenant plus : « eh bien alors, messieurs, reprend-il, que faites-vous donc ? » « Oh, mon Dieu, c'est bien simple, lui répond Lecoq d'un ton de bonhomie parfaite, mon compagnon et moi voyageons pour une maison qui fabrique des étoffes en *éponge filée*. Tenez, ajoute-t-il, en montrant la veste grise, de provenance incertaine, qu'il portait ce jour-là, vous voyez sur moi un échantillon de nos produits. C'est fort commode ; quand vous avez été bien mouillé, vous prenez votre habit, le tordez avec force, et il est aussi sec qu'auparavant. » Pendant cette explication le voyageur devenait sérieux, et quand Lecoq eut achevé son histoire : « Dieu me pardonne, monsieur, lui dit-il, je crois que vous vous êtes moqué de moi. » « Précisément, monsieur. » « C'est vrai que je l'ai bien mérité, » reprit le voyageur, qui se rendait justice.

Je ne veux pas laisser croire, d'après cette anecdote, qu'une excessive curiosité soit un défaut général chez les Auvergnats, mais seulement que cette tendance est peut-être chez eux plus répandue qu'ailleurs. L'Auvergne, comme les autres provinces de notre pays renferme des hommes bien élevés, qui, dans leurs rapports avec un inconnu, ne s'écartent jamais de la réserve que commande une bonne éducation. Ce qu'on y rencontre autant et plus qu'ailleurs, ce sont des personnes obligeantes et désintéressées, qui, en toute circonstance, se font un plaisir de vous renseigner et de vous aider ; j'en ai fait maintes fois l'expérience dans mon premier voyage.

A Volvic, chef-lieu de canton de deux à trois mille âmes, j'ai déjeuné dans la première auberge que j'ai rencontrée, puis j'ai demandé une chambre pour me reposer. Le lit n'était pas mauvais, mais malheureusement j'avais oublié ma boîte de poudre insecticide, et mon somme fut moins long que je ne l'aurais voulu. Malgré cela, deux heures de sommeil sont une chose précieuse pour un homme fatigué, et en m'éveillant (de par l'intervention des puces) je me sentais positivement assez valide. Azor fut donc bouclé, chargé, et à trois heures je m'avançais sur la route de Pongibaud, où je voulais coucher cette nuit. Il me fallut d'abord gagner les hauts plateaux, et ce n'est pas une petite affaire que de parcourir dans toute sa longueur la rampe de six kilomètres qui y conduit. Je marchais d'ailleurs assez lentement, car j'avais recueilli déjà pas mal de minéraux pesants. Je vous l'ai dit, depuis quelques années je me suis laissé mordre par la passion des pierres, et à l'inverse des autres passions, qui nous emportent, celle-là a le don de ralentir l'homme qui en est atteint. Pour peu qu'avec un sac un peu lourd sur le dos, on ait seulement deux ou trois kilogrammes de cailloux dans chaque poche, on ne se sent plus emporté du tout.

A peine a-t-on quitté Volvic qu'on rencontre la coulée de laves qui remplit le vallon dont cette ville occupe la partie la plus basse. La nature des matières qui composent ce dépôt varie beaucoup suivant le point où on l'examine. A l'extrémité inférieure de la coulée et à sa surface, ce sont les scories, les pouzzolites et les cendres volcaniques qui dominent. Ces matières sont brunes ou noires et composées de parcelles légères mais très tenaces; on les emploie dans le pays en guise de sable pour la confection de mortiers d'excellente qualité. Elles forment en certains endroits des couches de plusieurs mètres d'épaisseur. En remontant le vallon et en pénétrant plus avant dans le sol, on arrive aux laves compactes, qui forment des bancs de un à dix mètres de puissance, d'une roche poreuse, de couleur ardoisée et très résistante; c'est cette roche qu'on exploite. Quinze cents ouvriers sont employés à cette extraction, qui est la grande source de travail et de richesse du pays. La lave de Volvic sert en effet aux constructions de toute l'Auvergne et des départements voisins; elle s'exporte même dans les autres contrées de l'Europe. Légère, mais très solide, elle semble défier l'action du temps, et, sur des édifices qui datent de plusieurs siècles, on voit la pierre conserver des angles aigus et des arêtes aussi vives qu'au premier jour. Elle résiste également bien aux acides, qui corrodent en peu de temps les métaux et les autres substances minérales. Cette propriété la fait rechercher pour la confection des bacs et des conduites employés dans les fabriques de produits chimiques; aussi l'Angleterre, l'Allemagne, la Suisse et jusqu'à l'Inde, viennent-elles s'approvisionner à Volvic de récipients d'une qualité supérieure qu'on chercherait vainement à se procurer ailleurs.

En suivant la coulée de laves ou la *Cheire*, comme on l'appelle ici, jusqu'à six kilomètres de Volvic, on arrive au point d'éjection de toute cette masse; c'est le Puy-de-la-Nugère, volcan de deux cents mètres d'élévation, qui paraît avoir été le foyer d'une grande activité, si on en juge par la prodigieuse quantité de matières éruptives qu'il a vomies. Au reste, on trouve dans le sol les traces des éruptions successives de ce volcan; c'est tantôt du basalte et tantôt du trachyte qu'il a rejeté. En creusant plus profondément, on voit les couches plus ou moins épaisses de ces roches alterner avec des lits de cendre et de sable, au-dessous desquels reparaissent des laves compactes; et il en est ainsi jusqu'à cent pieds de profondeur, limite des sondages opérés jusqu'ici.

En beaucoup d'endroits de la Cheire, la lave est recouverte par une terre jaunâtre, qui offre par places une assez grande épaisseur. Il m'est difficile de croire que ce sol provienne de la cendre des volcans, modifiée à la longue par les agents atmosphériques, et je le crois plutôt dû à la décomposition des granites qui forment la base du plateau; les pluies, entraînant ces sables granitiques à mesure qu'ils se forment, en ont recouvert les produits du volcan. Quoi qu'il en soit de son origine, ce terrain est loin d'être infertile; la courte végétation des landes s'y maintenait depuis des siècles, et les bois de hêtre, de chêne ou d'arbres résineux qui y ont été semés depuis trente ans y viennent parfaitement. J'ai été surpris de la beauté de ces bois, que j'ai traversés ce soir, sur une longueur de dix kilomètres au moins en allant à Pongibaud. Par exemple le mode d'exploitation auquel on les soumet et la pratique du pacage ne sont pas faits pour en assurer la conservation. D'une part, en effet, au moment où on coupe un taillis, les arbres de réserve sont élagués et étêtés comme un poteau télégraphique, d'où l'absence de fructification et de semis qui, dans une exploitation bien conduite, doivent renouveler les souches; et d'autre part, on introduit sur ces coupes des troupeaux de vaches et de moutons qui n'établissent pas toujours une distinction suffisante entre les jeunes pousses et l'herbe environnante. Le bois est donc brouté pendant un an ou deux, et se ressent plus tard des dégâts causés par le bétail. En outre ces forêts appartenant en grande partie à des communes, chacun vient y couper un peu à tort et à travers le bois qui lui convient. Ces bois sont encore assez jeunes et vigoureux pour pousser quand même; mais quand, dans un avenir plus ou moins éloigné, le sol aura perdu sa première vigueur, il est probable qu'on verra les taillis s'éclaircir et la bruyère reprendre possession du terrain, à moins que d'ici-là une pratique plus rationnelle n'ait été adoptée. Mais quel admirable sé- jour, quelle terre promise pour les loups, que ces forêts, où des mil- liers de moutons viennent s'offrir béatement à leurs dents : une retraite sure et une table bien servie se rencontrant au même endroit, je vous laisse à penser quelles bombances font ces messieurs. Si jamais je re- viens loup sur la terre, c'est certainement dans les forêts des puys de Clermont que j'irai m'établir.

En quittant Volvic le soleil, sauf quelques intermittences, m'avait tenu compagnie, et j'avais joui d'une vue étendue sur le pays; mais en m'élevant sur le plateau, le ciel se montrait de plus en plus terne, bas et humide, et à la fin le brouillard et la pluie m'enveloppèrent com- plètement. Quel contre-temps, quelle déception pour un homme qui voulait consacrer sa journée à l'étude des Monts-Dômes! mon guide Joanne m'affirme que j'ai côtoyé les puys de Tressoux et de Loucha- dière, deux superbes montagnes assises de chaque côté de la route que j'ai suivie; je suis forcé de le croire sur parole, car la brume m'a fait en cet endroit un horizon si court que, sauf la forêt qui borde la route, je n'ai rien aperçu du tout. A un autre jour donc, si le temps le permet, les observations que je voulais faire aujourd'hui sur les vol- cans.

Les nuages ne recommencèrent à s'élever, et la campagne ne m'ap- parut de nouveau qu'au moment où le chemin s'abaissa vers Pongi- baud. Elle n'est guère belle la campagne sur ce plateau; c'est triste, froid et nu comme le nord et comme le désert, et l'œil attristé n'avait même pas la ressource de demander à l'horizon des perspectives plus riantes, dont j'aurais joui par le beau temps. Pourtant, au village de Saint-Ours, on descend dans la vallée d'un ruisseau tributaire de la Sioule, et là des prairies, des plantations, des troupeaux, rendent quelque gaîté au paysage. Entre Saint-Ours et Pongibaud la vue s'améliore encore, on approche de la belle vallée de la Sioule; des rochers, des ruisseaux, des cultures, se montrent tour à tour, et la campagne devient moins monotone.

J'eus, dans cette partie de mon étape, la satisfaction de constater combien les Auvergnats sont bons maris et quels excellents procédés ils ont pour leurs femmes. Un ménage cheminait devant moi, se ren- dant à la ville. Le mari portait au bras gauche un lourd panier, et de la main droite tenait un parapluie ouvert sur la tête de sa jeune femme, avec qui il paraissait causer amicalement. Je fus charmé de ce spectacle. Pendant mon enfance les choses se seraient passées tout autrement dans mon Loiret ; le mari eut pris les devants avec le parapluie, et eut laissé sa femme porter le panier et recevoir la pluie. Je ne calomnie pas; ce tableau, je l'ai eu cent fois sous les yeux près de ma ville natale, les jours de marché, il y a quarante ans. Je souhaite vivement, pour l'honneur de mes compatriotes, que, depuis cette époque, ils aient modifié leurs habitudes, et soient devenus plus prévenants pour leurs compagnes.

Comme je marchais encore assez vite, j'eus bientôt devancé ce ménage, mais à la fin fléchissant sous le poids de mon sac, des cailloux qui remplissaient mes poches, et surtout sous la fatigue des vingt-sept kilomètres parcourus depuis le matin, je dus me reposer pendant quelques instants, et m'assis sur le bord de la route, la tête penchée et le front assombri par les réflexions que me suggérait la pluie. Mon air défait émut de compassion la jeune femme dont j'ai parlé ; frappée de mon accablement et de ma tristesse : « Est-ce que vous êtes souffrant, JEUNE HOMME ! » me dit-elle, quand elle passa devant moi ? Cette marque de sa sympathie, mais surtout l'appellation imméritée dont elle se servit, me rendit au coup toute ma gaîté. Je remerciai cette femme de son intérêt, mais en même temps lui fis savoir que j'avais quelques années de plus qu'elle ne le supposait. Au reste il faut que j'aie la mine bien variable d'un jour à l'autre, ou qu'on s'accorde mal sur mon âge présumé, car si, à Saint-Ours, on a pu me croire jeune, j'ai trouvé sur mon chemin des personnes plus libérales, qui m'accordaient sans hésiter cinquante-huit ans. Tout récemment encore un habitant de Montluçon, voulant me désigner à un de mes amis qui réside près de cette ville, lui disait : « Vous savez bien, ce vieux monsieur qui casse des pierres. » Ignorant mon nom, il n'avait pu fournir à mon ami un meilleur signalement de mon individu. Peut-être n'y a-t-il entre ces divers jugements que la différence des personnes qui me flattent à celles qui sont sincères. Après tout ce désaccord ne saurait durer bien longtemps ; encore quelques années, et pour tout le monde sans exception je deviens « le vieux monsieur qui casse des pierres. »

A huit heures du soir j'étais à Pongibaud et m'arrêtais à l'Hôtel du Commerce, le plus huppé de la ville. Là encore mon costume et mon sac donnèrent probablement au maître de l'hôtel une faible idée de mes ressources, car il ne trouva pour moi qu'une chambre située sous les combles, à laquelle je n'arrivai qu'après avoir traversé trois gre-

niers et m'être mouillé le nez contre les draps humides étalés sur
des cordes. Je m'en contentai, étant peu difficile sur la nourriture
et sur le coucher; et puis cette chambre étant plus rarement occupée,
devait être, par cela même, moins habitée par ces insectes désagréables
que je redoute par dessus tout. Après m'être débarrassé avec bonheur
de mon sac et des vêtements mouillés que je portais depuis cinq
heures, je descendis à la salle à manger et fis honneur au dîner. Je
pus me convaincre qu'à Pongibaud la table n'est pas moins bien servie qu'à Aurillac, et je distinguai même un fromage particulier à la
localité, fromage dit *des Caves de Pongibaud*, qui mérite bien sa répu-
tation. C'est un disque large de vingt-cinq centimètres, formé d'une
pâte grasse, onctueuse et persillée comme le Roquefort. On a, je
crois, voulu imiter ce dernier, mais, à mon goût, on a fait mieux encore. J'ai eu un instant la pensée de vous rapporter un de ces produits; malheureusement le fromage de Pongibaud, comme le Ma-
rouelle, le Rollot et quelques autres d'une qualité tout aussi supérieure,
a *un petit fumet*, et j'ai craint les objections des voyageurs qu'à mon
retour le hasard m'aurait donnés pour compagnons de route dans
mon wagon.

DEUXIÈME JOURNÉE.

Clermont-Ferrand, 7 juillet 1879

J'ai passé une excellente nuit dans ma mansarde, mon cher confrère ; cependant, à mon réveil, je me sentais encore un peu brisé
par ma longue course d'hier. Vingt-huit kilomètres sont vraiment
trop pour une première journée ; c'est maladroit, et l'on s'expose ainsi
à compromettre le succès des journées suivantes. Il vaut mieux commencer par de petites marches, qui exercent les muscles, fortifient
les jambes, et font supporter ensuite sans trop de peine les plus
longues traites. Malgré ma fatigue j'étais levé à sept heures, et après
avoir pris quelques aliments, allai faire un tour dans Pongibaud. J'eus bien vite reconnu que cette ville n'est pas plus gaie
que la plupart des villes d'Auvergne ; que les maisons y sont noires,
lourdes et d'une propreté douteuse ; mais qu'en revanche elle est traversée par une belle rivière torrentueuse, la Sioule, dont j'aurai
bientôt à vous parler.

Mon guide-Joanne m'avait appris qu'auprès de Pongibaud se trouvent
des mines de plomb et d'argent importantes, et n'ayant pas de but
déterminé pour ma course du jour, j'eus l'idée d'aller les visiter. Bien
m'en prit, car cette résolution m'a valu une promenade superbe et
telle que sans doute je n'aurais pu en faire de plus belle aux environs. Après avoir traversé le beau pont de la Sioule, je suivis la
rive gauche de la rivière, contenue de ce côté par une falaise de gneiss
haute de quarante mètres au moins, au pied de laquelle a été
ouverte une route excellente. Sur l'autre rive, en face de moi, je
voyais, plongeant dans la rivière ou surplombant sur l'eau, des masses
de laves qui, du Puy-de-Côme, se sont écoulées jusqu'à la Sioule, et
sur lesquelles une partie de Pongibaud est construite. Sans même
sortir de la ville, j'eus le plaisir d'admirer une magnifique cascade,
qui mérite bien une mention spéciale. Les laves dont je vous parlais
tout-à-l'heure forment là un barrage qui exhausse de sept à huit
mètres le lit de la rivière, large en cet endroit de cinquante

mètres au moins. La Sioule tout entière se déverse donc sur un plan
incliné de la hauteur susdite, et tout encombré de blocs qui la convertissent en une belle nappe d'écume. Elle contourne ensuite un promontoire formé par sa rive droite et disparaît dans une vallée si-
nueuse, qui l'emporte vers l'est.

A dix heures du matin j'étais arrivé à la Brousse, l'usine la plus
importante de la Compagnie des Mines de Pongibaud. On me permit
de visiter l'établissement, et de ci de là je pus recueillir sur lui quelques renseignements qui vous intéresseront. L'usine de la Brousse
existe depuis quinze ans seulement. D'autres mines de plomb étaient
exploitées dans les environs, et l'on supposait qu'un affleurement du
filon devait exister de ce côté ; cependant plusieurs sondages n'avaient
donné aucun résultat, lorsqu'un paysan du village de Bromont-la-
Mothe ramena sur le sol avec sa charrue un minéral verdâtre connu
pour déceler le voisinage du plomb et qu'il se hâta d'apporter aux
ingénieurs. Sur cet indice de nouvelles fouilles furent faites, qui ame-
nèrent la découverte d'un filon puissant de galène argentifère, aujour-
d'hui en pleine exploitation. La Compagnie offrit, pour l'acquisition
du champ, une somme de quatre mille francs au paysan, qui, ébloui
par la vue de tant d'or, s'empressa de conclure le marché. Ce fut de
sa part une grande faute. Mieux inspiré ou mieux conseillé, il eût
perçu un droit de tant par tonne de minerai, et serait riche aujour-
d'hui, tandis que quatre mille francs sont partout, même en Auvergne,
une mince fortune. Du reste ce capital modeste ne lui a même pas
profité, des enfants prodigues l'ont dissipé ; le père continue à travailler et, comme on le dit dans le pays, « va porter lui-même sa
fournée au moulin », ce qui signifie que cet homme n'est pas plus aisé
que le dernier des mineurs de la Brousse.

A force d'extraire du minerai depuis quinze ans, on a cessé de
travailler à ciel ouvert ; le filon s'enfonçant presque verticalement
dans le sol, on va maintenant chercher le métal à cent cinquante
mètres de profondeur. De puissantes machines à vapeur enlèvent incessamment l'eau qui suinte de toutes parts dans les galeries et qui, sans
cela, ne tarderait pas à les remplir. Là on extrait deux sortes de minerai. Une tonne de la première sorte ou la plus riche donne 550
kilogrammes de plomb et deux kilogrammes d'argent pur ; en
d'autres termes, cette matière renferme 55 pour 100 de plomb et
2 pour 1000 d'argent fin ; c'est, paraît-il, un rendement considérable.
Malgré la richesse de sa mine, la Compagnie ferait des affaires mé-

diocres si elle se trouvait obligée de payer chèrement des mineurs employés exclusivement à ses travaux ; aussi qu'a-t-elle fait pour diminuer ses frais d'exploitation ? Elle s'est adressée aux petits cultiva   rs et aux paysans des environs, et, pour une somme de deux ou trois francs, on obtient huit heures de travail par jour, sur les seize heures qui leur restent, ces hommes trouvent le temps nécessaire pour cultiver leur champ ou pour se livrer à d'autres travaux, qui sont encore pour eux une source de gain ; ils peuvent donc se contenter d'un faible salaire que, sans le travail de l'usine, ils n'auraient peut-être pas d'autre moyen de gagner dans le pays.

J'ai vu là des monceaux énormes des différentes matières extraites par ces hommes, et cette vue était bien faite pour émouvoir le cœur d'un minéralogiste. Ces cristaux brillants, qui miroitent sous les rayons du soleil, simulent des morceaux d'argent pur. C'est plus beau encore quand le métal se trouve encaissé dans du quartz laiteux ou dans du sulfate de baryte, dont le blanc mat fait ressortir la teinte argentine du minerai. M. l'ingénieur m'engagea à prendre des échantillons de ces différentes substances; je ne me le fis pas dire deux fois et en remplis mes poches, ce qui, soit dit en passant, n'était pas fait pour accélérer ma marche; vous le comprenez, des minéraux qui renferment 55 pour 100 de plomb et dont la gangue n'est guère moins lourde, ça pèse ferme sur l'épaule; mais je ne compte pas revenir souvent à la Brousse malgré l'excellent accueil que j'y ai reçu, et il fallait bien profiter de l'occasion.

Tout en me promenant dans l'usine, j'avais remarqué avec tristesse qu'une superbe machine d'épuisement en voie d'installation venait d'Angleterre; que des mécaniciens aux cheveux d'un *blond ardent*, et sûrement anglais, travaillaient seuls à la monter; mais le sentiment pénible que j'en ressentais s'accrut encore quand j'appris que les mines de Pongibaud (trois ou quatre usines au moins) sont toutes aux mains d'une compagnie anglaise! Que de réflexions tristes suggère ce fait anormal, et combien l'amour-propre national doit en souffrir! « Français, mes aimables et gais compatriotes, *how bad managers you are!* Comment se fait-il que le ciel ait placé du plomb et de l'argent dans les entrailles de votre sol, et que ce soient des étrangers qui en profitent? Ne pouvez-vous pas aussi bien qu'eux vous associer, fouiller la terre, en tirer les richesses qu'elle renferme, et conserver à notre France le demi-million qui, de Pongibaud, s'en va chaque année remplir des bourses anglaises?» Hélas! il faut bien croire que nous man-

quons des qualités qui font les bons ménagers, puisque les premières
tentatives d'exploitation ont abouti à la ruine, et que les mines de
Pongibaud ne prospèrent que depuis qu'elles sont administrées par
des Anglais. Et plût au ciel que nos voisins n'eussent pas à nous
donner de leçons sous tant d'autres rapports ! La politique, par
exemple ; mais, si vous le permettez, nous aborderons ce sujet un peu
plus tard, à mon retour (1).

Après cette visite je me disposais à rentrer à la ville, déjà satisfait
du résultat de ma journée, puisque j'avais appris pas mal de choses
intéressantes à la Brousse ; mais heureusement pour moi, comme on
va le voir, la conversation ayant roulé un instant sur les curiosités du
pays, M. l'ingénieur de l'usine, dont je ne puis trop louer l'obligeance,
me parla du volcan de Chalusset, situé à une heure de marche de chez
lui, et m'engagea fort à l'aller voir ; je trouverais là, me dit-il, des
laves de différentes couleurs et fort curieuses. Ce renseignement me
suffit ; il était onze heures, et la voiture d'Aubusson à Clermont ne
passant qu'à trois heures à Pongibaud, j'avais le temps de faire cette
promenade, qui me procura une de mes meilleures journées d'Auvergne. Je gagnai rapidement le village de Bromont, et après m'y
être convenablement restauré, m'acheminai vers Chalusset, hameau
composé de sept à huit maisons, que, suivant l'usage de l'Auvergne,
on nomme un village, bien qu'il n'y ait là ni paroisse ni commune,
conditions requises, dans nos départements du nord, pour former un
village. Un homme de l'endroit m'offrit obligeamment de me conduire
au volcan, ce que j'acceptai. Au bout de dix minutes, nous y étions.
Je m'attendais à trouver là un cône à cratère dans le genre des dômes
de Clermont ; il n'en fut rien. Ce qu'on nomme *volcan de Chalusset* est
un amoncellement assez considérable de tufs volcaniques situé sur la
rive gauche de la Sioule. Je doute que ces matières soient sorties du
sol en cet endroit, et crois plutôt qu'elles y ont été amenées de loin
par une coulée de laves, dont il resterait à déterminer le lieu d'éjection et le trajet, ce que je n'avais guères le loisir de faire pour l'instant. Quoi qu'il en soit de la provenance de ces roches, c'est bien le
spectacle le plus curieux qu'on puisse voir. En s'avançant sur un ro-

(1) J'ai appris tout récemment que la Compagnie des Mines de Pongibaud a fusionné depuis peu avec une Compagnie française de Nantes, et ne
représente plus des intérêts exclusivement anglais.

cher voisin, on a la vue des laves du côté de la rivière, et vraiment par là c'est effrayant. De ce côté, en effet, des blocs énormes de scories noirâtres forment une voûte qui sert de portique à un antre profond, béant, qu'on prendrait volontiers pour la gueule de l'enfer. Au-dessous de cette masse le sol est couvert de fragments de même nature qui s'étagent sur le versant presque à pic de la vallée ; le plateau voisin en est lui-même jonché. Comme on me l'avait dit à la Brousse, je trouvai là des laves de couleurs variées : des bleues, des jaunes, des rouges, des noires, des brunes ; inutile de vous dire que toute la place laissée disponible dans mes poches par le minerai de la Brousse fut immédiatement occupée par ces laves. Mon ambition eût été de pénétrer dans la cavité béante que j'avais sous les yeux, mais la tentative pour y arriver était difficile et dangereuse, et, eût-elle réussi, que peut-être n'aurais-je vu rien de plus que de l'endroit où j'étais. Les touristes les plus déterminés, m'assura mon guide, ne s'aventurent pas à pénétrer dans cette caverne, abandonnée aux seuls renards du pays, qui y ont élu domicile et y pullulent en paix ; les poules du voisinage en savent quelque chose.

En allant à Chalusset je comptais ne visiter que son volcan (laissons-lui provisoirement ce nom), et ce but valait déjà la course, mais, à ma grande satisfaction, je me trouvai du même coup transporté sur les bords de la Sioule, et peut-être dans la partie la plus pittoresque et la plus belle de son cours. Là, en effet, la rivière coule entre deux murailles à pic, l' de gneiss, l'autre de basalte, et toutes deux hautes de cent pie moins. C'est sévère et sombre à faire peur, et l'on éprouve malgré soi ce sentiment quand, longeant le courant, on aperçoit au-dessus de sa tête des blocs énormes qui semblent prêts à s'écrouler. Puis, à un détour de la Sioule, la scène change brusquement ; les bords de la vallée s'élèvent en s'écartant et se couvrent d'une épaisse forêt de chênes et de hêtres, qui se poursuit pendant six kilomètres jusqu'aux portes de Pongibaud. Le chemin côtoie la Sioule dans tous ses méandres à travers la forêt. Par instants la rivière coule à une grande profondeur ; on la perd de vue, mais à son mugissement on sait qu'elle est là. Quelle vue, quel site, mon cher confrère, et quand je pense que vous restez iné   nt à ce spectacle, et ne quittez Paris non plus qu'une borne inamov   ! Vrai, je vous plains. Voyons, un petit effort, et venez ici admirer la Sioule ; c'est une merveille, savez-vous, que cette rivière, et jusqu'à preuve du contraire, je la proclame la plus belle de notre pays. Sa vallée est certainement un des morceaux choisis de l'Auvergne, et une des plus belles choses qu'on puisse voir dans le nord de cette province.

Près de Chalusset, j'étais frappé de l'influence que la nature du sol exerce sur la constitution de ces vastes sillons que suivent les eaux pour s'écouler à la surface du globe. Dans les terrains de sédiment, tous plus ou moins friables, les bords d'une vallée, incessamment dégradés et entraînés par les pluies, s'écartent de plus en plus l'un de l'autre; la vallée est large et peu profonde, et un mince ruisseau coule parfois dans un vallon qui n'a pas moins d'un demi-kilomètre d'une rive à l'autre. Dans les pays granitiques au contraire, les roches résistent mieux aux agents atmosphériques; la crevasse du sol, origine première de la vallée, s'élargit peu, et un cours d'eau important, comme l'est la Sioule, se trouve à chaque instant resserré dans une gorge étroite, tandis qu'en plaine le val qui le renfermerait aurait au moins deux kilomètres de largeur. Autre différence : dans les sédiments, les coteaux qui bordent une vallée sont bas, arrondis, et presque toujours doucement inclinés; dans les granites, tout est déchiré, heurté, anguleux; partout des parois abruptes, parfois taillées à pic ou surplombant au-dessus de la rivière. Celle-ci est rapide, impétueuse, bruyante, c'est un torrent. Comparez sous ces rapports la vallée de la Seine et celle de la Sioule, mon cher confrère, et voyez combien elles diffèrent. L'une et l'autre pourtant a ses avantages; si vous êtes agriculteur, vous irez vous établir dans la vallée de la Seine, mais si vous êtes artiste, vous préférerez certainement celle de la Sioule.

Le sentier que je suivais sur les bords de cette rivière m'avait conduit à Pranal, second établissement de la Compagnie de Pongibaud. Il est situé sur le bord de la forêt dont je vous parlais tout à l'heure, et dans un site enchanteur. Que c'est joli, mon Dieu, et que j'aimerais à faire de Pranal ma résidence d'été! Un beau site, des truites à profusion, de la chasse aux environs, et, avec l'affection d'une famille, que faudrait-il de plus pour être heureux? Les circonstances de l'extraction du minerai sont là à peu près les mêmes qu'à la Brousse, et l'importance du travail m'a paru égale dans les deux établissements, c'est-à-dire qu'ils occupent l'un et l'autre cent cinquante ouvriers environ. Le minerai extrait à Pranal y reçoit un premier travail qui le débarrasse d'une partie de la roche inutile qui l'accompagne. Il est ensuite conduit à la grande usine de Pongibaud, où on lui fait subir les dernières opérations qui le convertissent en plomb et en argent

2

purs. J'aurais aimé à visiter ce vaste établissement métallurgique, devant lequel j'ai dû passer pour rentrer en ville. Malheureusement trois heures sonnaient à ce moment, et je n'arrivai à mon hôtel que bien juste à temps pour me changer et pour monter sur la voiture de Clermont. Celle-ci regorgeait de monde, et je trouvai à grand' peine une place sous la bâche, où je m'assis sur un siège de 16,643 francs (valeur déclarée). Pour être d'un grand prix, il n'en était pas plus moelleux; c'était une caisse solide contenant un lingot d'argent fin de la valeur susdite. A six heures du soir j'étais dans la bonne ville de Clermont-Ferrand, assis devant une table bien servie, et fort heureux de repasser dans ma mémoire les incidents divers de cette journée, que le hasard et un beau temps exceptionnel pour la saison avaient favor... au delà de mes espérances.

TROISIÈME JOURNÉE.

Mont-Dore-les-Bains, 8 juillet 1879.

Ce matin, à huit heures, mon cher confrère, j'ai pris place dans une voiture publique, qui m'a amené au Mont-Dore, par Ceyrat et Randanne. Suivant ma coutume j'occupais la banquette pour mieux voir le pays. En partant l'air était chaud, le ciel sans nuages, et j'espérais jouir, à mon arrivée, d'une vue d'ensemble des Monts-Dore, si beaux à voir par le soleil. J'avais compté, hélas ! sans la persistance des vents d'ouest, qui devaient trop tôt nous ramener pluies et brouillards. Notre diligence traversa d'abord des vignes bien cultivées, qui fournissent ce bon vin de Limagne, fort et cependant frais à la bouche, que j'ai pu apprécier l'année dernière. Il est bien préférable aux vins fades et lourds du Midi, et je comprends qu'en Auvergne on ne veuille pas en boire d'autre. Chacun du reste peut satisfaire son goût pour ce vin, car il est abondant dans les bonnes années, si j'en juge par l'étendue des vignobles qui avoisinent Clermont. De Riom jusqu'au Cendre règne, entre la plaine et la montagne, une zone de deux à quatre kilomètres de largeur, entièrement plantée de vigne. Jusqu'ici celle-ci n'a pas trop souffert des froids tardifs qui ont détruit les fruits d'été dans le Puy-de-Dôme, et si la température s'adoucit, on pourra faire une bonne récolte cette année.

En quittant Clermont, la vieille tour de Mont-Rognon se dressait devant nous, et pendant quelque temps paraissait être notre objectif, tant nous marchions droit vers elle ; puis nous la perdîmes tout à coup de vue à un détour de la route. Au bout d'une heure et demie, celle-ci nous avait élevés de 5 à 600 mètres au-dessus de la plaine, et nous approchions du sommet du plateau sur lequel sont assis les Monts-Dômes. Une heure plus tard, leur chaîne entière nous apparaissait. C'est un spectacle vraiment grandiose, et le fait géologique le plus original et le plus caractéristique de l'Auvergne. Là on voit une soixantaine de dômes, hauts de 150 à 300 mètres, alignés sur un, deux ou trois rangs, mornes, menaçants, et sans que la forêt qui couvre certains d'entre eux parvienne à en égayer le sombre profil. Leurs cratères se reconnaissent encore aisément. Ici les bords en sont intacts, et le cône est régulièrement tronqué. Plus loin, ces bords, en partie démantelés, ne sont plus indiqués que par les pointes qui couronnent la montagne. Ailleurs le cratère ne représente qu'une demi-coupe, l'autre moitié ayant été emportée par la pression des laves. Parfois sa cavité est presque entièrement comblée; plus souvent elle subsiste encore sous forme d'un entonnoir plus ou moins profond, entier ou ébréché d'un côté. Vous voyez ici les pentes du volcan couvertes de verdure; là les pouzzolanes et les scories, qui forment sa masse, ont conservé la couleur rougeâtre qui leur est propre. Autour de ces monts règnent la solitude et le silence, comme si l'homme craignait d'en approcher, ce plateau est désert; pas un seul village apparent; les rares habitations du pays se cachent dans un pli du terrain, et il faut en être tout près pour les voir. De plusieurs de ces puys partent des coulées de laves, qui s'étendent au loin dans les dépressions du sol, et qu'indiquent à l'œil la chétive végétation qui les recouvre, et les blocs noirâtres qui de loin en loin se dessinent à leur surface. Quand la tranchée d'une route vient à traverser une de ces nappes, on en voit les talus formés par des roches calcinées d'un aspect sinistre qui effraie le voyageur. Ces masses s'enfoncent dans le sol au milieu de poussières produites par leur décomposition ou charriées en même temps qu'elles par le courant des laves.

Comme là, sur le terrain, on voit bien que ces soupiraux, aujourd'hui fermés, se sont ouverts sur le trajet de crevasses produites par quelqu'une des convulsions qui ont agité notre globe. Observez avec soin la direction de ces volcans, mon cher confrère; vous en verrez quatre, cinq, six, huit, placés sur une même ligne orientée du nord au sud, qui dénote l'existence d'une gerçure du sol assez profonde pour intéresser toute l'épaisseur de la croûte terrestre et y ouvrir une série d'évents par lesquels les matières en fusion se sont élancées pour se répandre à sa surface. Puis, l'équilibre rétabli dans la masse intérieure, la lave a cessé de couler, la crevasse s'est refermée, accusant encore sa direction primitive par les dômes que nous voyons aujourd'hui. Se rallumeront-ils jamais? S'en formera-t-il d'autres ici ou sur un autre point de l'Auvergne? Nul ne peut l'affirmer, mais c'est possible. Rien ne prouve que l'état physique de notre planète soit irrévocablement fixé à tout jamais, et que de nouveaux cataclysmes ne viendront pas encore une fois bouleverser sa surface, créer de nouveaux continents, submerger les anciens et peut-être frapper le genre humain d'un anéantissement partiel ou général. Le contraire est beaucoup plus probable: l'écriture le dit, et la science le croit.

Mais pendant que je me livrais à ces réflexions, notre voiture marchait toujours, et à midi relayait pour la troisième fois à Randanne, hameau jeté au milieu du désert et composé de quelques auberges pour les voyageurs du Mont-Dore et d'écuries pour les chevaux des voitures publiques. Rien de plus triste que ces quelques maisons, et sans les besoins des voyageurs elles ne s'y trouveraient sans doute pas; qui aurait l'idée d'aller s'établir dans cette solitude, constamment battue par des vents froids? Pourtant ce plateau n'est pas complètement improductif; les encouragements et les exemples de M. le comte de Montlosier, dont la mémoire restera éternellement bénie en Auvergne, en ont fait défricher une partie, et on y voit aujourd'hui des champs de seigle, d'avoine et de vesces, qui ne dépareraient pas un territoire plus fertile. Faute d'engrais ces champs ne peuvent être mis chaque année en culture. Après les avoir écobués et maigrement fumés, on en tire deux récoltes passables de céréales, et une troisième récolte de fourrage; ensuite le sol est épuisé, et pendant une série de quelques années on le laisse reposer. Dès cette première année de repos le genêt s'en empare, et au bout de deux ans le couvre entièrement; en juillet, cet arbuste fleurit et forme de grands tapis d'un jaune vif, que j'admirais aujourd'hui. Une autre portion du plateau est restée en bruyères et sert au pâturage des moutons; le reste a reçu des bois de pins, qui viennent bien mais ne sont pas faits pour égayer la contrée.

A Randanne la route s'infléchit à gauche, et l'on perd de vue les Monts-Dômes, mais en face de soi se dresse le massif des Monts-Dore, dont la Croix-Morand, avec ses pics élevés, forme les premiers plans. De la neige se voit encore en abondance sur ses pentes. Le ciel s'était couvert, les affreux brouillards d'Auvergne enveloppaient le sommet des montagnes, et par moments une pluie fine nous fouettait le visage. Pour nous défendre contre elle autant que contre les vents impétueux qui s'abattaient sur nous, nous dûmes fermer le vitrage de notre banquette, où mes deux compagnons, vêtus trop légèrement, commençaient à grelotter. Bien que la température ait été jusqu'ici peu favorable aux eaux du Mont-Dore, de nombreux baigneurs s'y rendaient, les uns par les voitures publiques, les autres en landaus et en calèches loués à Clermont-Ferrand, et ce défilé couvrait au loin la route d'une longue caravane. Caravane, c'en était bien une, serpentant au milieu du désert. Parmi ces familles voyageant en chaise de poste, j'en reconnus deux dans lesquelles j'ai eu l'honneur de donner des soins. J'eus un instant la pensée d'aller les saluer, mais édifié maintenant sur la tournure si peu présentable que me donne mon costume de voyage, et me rappelant les avanies essuyées les jours précédents à Paris et à Riom, je crus prudent de passer sans rien dire. Vous comprenez pourquoi : si mes clients, rougissant d'être servis par un homme d'apparence aussi vulgaire, avaient refusé de me reconnaître, pour le coup j'aurais été trop honteux.

Notre voyage s'acheva du reste sans accident, sinon sans frayeur de ma part. Se sentir perché au plus haut d'une diligence pendant qu'elle côtoie des précipices de plusieurs centaines de pieds de profondeur, sans le moindre parapet qui vous rassure, donne un singulier malaise, et quand nous passâmes près des Roches Tuilière et Sanadoire, il fallut tout l'attrait de ce site remarquablement beau pour m'empêcher de détourner la tête. D'ailleurs j'étais payé pour faire à ce moment des réflexions sérieuses. Quelques jours auparavant une portion de la montagne, détrempée par les pluies, avait glissé sur la route ; qui m'assurait que la route, formée du même sol, n'allait pas à son tour glisser dans le ravin ? Assurément personne. Je m'armai néanmoins de courage, et tins à profiter aussi longtemps que possible de la vue des deux roches remarquables près desquelles nous passions ; on n'en voit pas tous les jours de cette taille et de cette forme. Ce sont deux dents, mais faites pour un géant haut de trois kilomètres. La roche Sanadoire est pointue, c'est une canine ; la roche Tuilière se termine par une longue arête, c'est une incisive. Toutes deux dépassent 180 mètres (presque deux fois la hauteur de l'église des Invalides), pourtant la roche Tuilière est plus élevée que l'autre de huit mètres. Toutes deux sont formées de prismes convergents, ou comme le disent les géologues, ce sont des *gerbiers*. Toutes deux enfin surgissent côte à côte d'un ravin boisé, ne laissant entre elles qu'un étroit passage dans lequel se glisse un affluent de la Sioule, le ruisseau de Rochefort. C'est fort beau, et vous devrez aller voir tout cela, si la maladie vous amène quelque jour au Mont-Dore ; car je vois bien maintenant que sans elle vous n'y viendrez jamais.

Du reste, à partir des Roches Tuilière et Sanadoire, la route devait me conduire de surprise en surprise jusqu'à la ville de Mont-Dore. Ce fut d'abord le lac de Guéry, petit mais bien alpestre et agréable quand on n'a pas le Pavin comme point de comparaison. Puis ce fut le vallon de la Chaneau, que la route domine de très haut, comme pour permettre à l'œil de l'embrasser dans son ensemble, et de ne rien perdre de sa splendeur. Là, en fait d'arbres, on ne voit plus guère que des sapins étagés sur des pentes rapides, et donnant au paysage le caractère des hautes montagnes. Vous figurez-vous ce que doit être un parc creusé de profonds ravins, tapissé de prairies parsemées de bouquets de cet arbre éminemment pittoresque, et encadrées de bois de même essence? Au milieu de ce parc, jetez des rochers à pic, des eaux vives et des cascades comme celle du Queureilh, et dites si l'on peut trouver mieux pour charmer les yeux et le cœur d'un homme qui aime et qui sent la nature !

Au détour d'un promontoire de la route, le vallon de la Chaneau disparut, et la vallée de la Dordogne s'offrit à nous dans toute sa majesté. Je ne l'avais pas visitée l'an passé et ne supposais pas qu'elle fût à ce point supérieure à la vallée de Chaudefour, sa voisine. Le rocher et le bois du Capucin, qui se dressent sur sa rive gauche, le Pic de Sancy, dont on aperçoit au loin la base zébrée de bandes neigeuses, la double lisière de forêts enserrant les vertes prairies qui en occupent le centre, font de la vallée du Mont-Dore, pour l'habitant des plaines, un de ces spectacles saisissants dont l'impression vivace ne doit jamais s'effacer.

A trois heures du soir, après un voyage de sept heures, la voiture s'arrêtait à Mont-Dore-les-Bains. Cette petite ville, presque entièrement composée d'hôtels et de maisons meubles, est bien bâtie, si on la compare à la plupart des villages d'Auvergne. On s'aperçoit de suite que là des efforts ont été faits dans le but d'offrir une installation convenable aux malades que ses eaux y attirent chaque année. Ses maisons sont plus grandes et mieux construites que celles des villes voisines; mais, au milieu d'un grand nombre de bâtisses neuves et régulières, on voit encore s'élever çà et là les habitations basses et misérables du vieux Mont-Dore, qui déparent quelque peu la nouvelle ville. Dès mon arrivée il me fallut, comme mes compagnons de route, subir les offres des agents des divers hôtels de l'endroit : « Monsieur, l'hôtel de l'Univers; Monsieur, l'hôtel du Nord ; Monsieur, l'hôtel de ceci, l'hôtel de cela? » Je laissai ces braves gens faire leur métier d'hôtelier, et me fis indiquer la maison dont j'avais fait choix depuis longtemps.

Le temps, quoique brumeux depuis midi, avait pourtant des éclaircies qui permettaient de faire une promenade. J'en profitai pour aller visiter le vallon de la Chaneau, dont la vue, prise de la corniche que suit la route, m'avait si vivement remué le cœur une heure auparavant. Je savais que là se trouve la cascade du Queureilh, la plus belle des Monts-Dore, et je tenais à la voir. J'en trouvai le chemin sans peine, grâce à une attention très louable du Club Alpin Français, qui a pris soin de faire apposer aux diverses portes de la ville des plaques indicatrices qui font connaître la direction et la distance des sites les plus remarquables des environs. Au bout d'une demi-heure je pouvais admirer cette chute, vraiment belle par le site, par la hauteur (20 mètres), par la disposition et le volume de ses eaux, plus considérable cette année que les autres à cause des pluies incessantes qui ont attristé tout le printemps. Je ne veux pas, mon cher confrère, vous décrire la cascade, bien connue, du Queureilh ; je vous répète qu'elle est fort belle et très digne de figurer, comme une des belles choses de notre pays, dans la galerie de Minéralogie du Muséum d'Histoire-Naturelle de Paris, où la représente avec une grande vérité une toile bien peinte que vous pourrez voir quand vous le voudrez. A dix minutes de là j'allai ensuite donner un coup d'œil à la cascade du Rossignolet, qui vaut bien les dix centimes que vous réclame le propriétaire du pré qu'on traverse pour s'y rendre. C'est un ruisseau qui, après avoir mis en mouvement une scierie, glisse avec rapidité sur le talus d'un ravin, dans lequel il va se réunir à la rivière de la Chaneau.

Le Salon de Mirabeau n'était qu'à quelques centaines de mètres de cette dernière cascade, de l'autre côté de la Dordogne, et je ne pouvais raisonnablement rentrer au Mont-Dore sans avoir poussé jusque là. Le site est fort beau. Cette pelouse, entourée de hêtres et de sapins, se trouve placée près du hameau des Rigolets-bas et, de là, la vue embrasse le Puy-Gros, la Bourboule et la vallée de la Dordogne. C'était un maître épicurien que ce Mirabeau-Tonneau qui avait choisi cet emplacement merveilleux pour en faire le théâtre de ses plus fines parties, et qui lui a laissé son nom. L'idée d'aller savourer les raffinements de la vie civilisée en face des grandes scènes de la nature, et de charmer tous les sens à la fois n'est pas d'un esprit ordinaire et suffirait pour lui assurer un rang distingué parmi les plus fameux viveurs dont l'histoire ait conservé le souvenir.

En revenant à la ville j'eus la représentation gratuite d'une petite scène de la comédie humaine, qui établit péremptoirement, suivant moi, que, malgré leur gravité apparente, les bons habitants de l'Auvergne sont au fond d'humeur joviale. Figurez-vous qu'un petit cultivateur du Queureilh, voulant attirer chez lui les buveurs de lait du Mont-Dore, dont bon nombre appartiennent à la noblesse, n'a rien trouvé de mieux à faire que de flatter leur amour-propre, en prenant pour enseigne, inscrite en grosses lettres sur sa maison : AU BLASON FÉODAL ! Cette concession, faite à des idées réputées d'un autre âge par des gens qui, le cas échéant, votent avec un merveilleux ensemble pour le candidat républicain, n'est-elle pas fort divertissante, et ne prouve-t-elle pas que, si les Auvergnats sont tendres pour la République, il est une chose que, dans leur estime, ils placent encore au-dessus d'elle, ce sont les écus ? *Auri sacra fames, quid non.....!*

QUATRIÈME JOURNÉE

Latour-d'Auvergne, 9 juillet 1879.

J'ai fort bien dormi la nuit dernière, mon cher confrère, dans une coquette chambre aux frais rideaux ornés de rubans roses et d'un aspect beaucoup trop virginal pour convenir à un vieux barbon comme moi. On me l'avait offerte, je l'ai acceptée ; mais je crois aussi que si une jolie baigneuse fût venue demander asile dans la maison, on n'eût pas hésité à lui donner ma chambre et à m'envoyer coucher ailleurs, ce qui du reste eût été justice.

Le temps est encore plus triste aujourd'hui qu'hier ; des nuages bas couvrent la vallée, et le Capucin, que j'apercevais hier de ma fenêtre, a totalement disparu dans la brume. Une pluie fine et bien mouillante ne cesse de tomber et d'attrister le cœur. Malgré ce vilain temps, comme je ne suis pas venu ici pour me baigner, mais pour voir du nouveau, je suis sorti ce matin sous le couvert de mon parapluie pour me promener un peu par la ville. Celle-ci présente à cette heure la physionomie particulière aux villes d'eaux ; des divers hôtels à l'établissement thermal, c'est un va et vient continuel de malades portés par deux hommes dans une petite chaise fermée, et allant prendre leur bain ou boire leur verre d'eau du matin. Je vous envoie une photographie qui représente une baigneuse dans sa chaise, son verre à la main et escortée de ses porteurs ; cette photographie vous instruira mieux que toutes les descriptions que je pourrais vous adresser.

J'allai aussi faire un tour de l'autre côté de la rivière, où la municipalité a ébauché une sorte de promenade ou de parc, qui laisse encore beaucoup à désirer ; il y a là toutefois l'expression d'un bon vouloir dont il faut lui tenir compte. Ce que je lui reproche, c'est de n'avoir pas su tirer un meilleur parti de la Dordogne, qui traverse le parc. On pouvait, je crois, utiliser les bords de ce pittoresque torrent, et, au lieu d'un égout à ciel ouvert, en faire, avec un peu d'art et sans grande dépense, la partie la plus agréable de la promenade.

Quand je rentrai à l'hôtel la pluie continuait à tomber, et ce fut pour moi une circonstance heureuse Avec un ciel pur j'aurais cédé à l'attrait qu'exerce sur les étrangers le pic de Sancy, et me serais encore une fois dirigé vers cette montagne, dont le panorama n'a sans doute pas changé depuis l'année dernière. Le mauvais temps m'empêchant de porter mes pas de ce côté, je pris la résolution, sans trop savoir ce que je verrais par là, d'aller à Latour-d'Auvergne, dont la route m'a mis en face des sites les plus remarquables que j'eusse rencontrés encore dans ce pays. A deux heures de l'après-midi, profitant d'une embellie dans le ciel gris et terne qui nous couvrait depuis la veille, j'ai dit adieu à la ville du Mont-Dore, et, franchissant la Dordogne, commençai à m'élever sur la route qui mène à Latour. Ce chemin me valut d'abord une vue très belle de la vallée que je quittais, surtout lorsque, près d'atteindre le plateau, on la voit se développer à ses pieds. Une demi-heure de marche m'amena en vue des Rigolets-Hauts, hameau construit sur un tertre élevé, d'où le village de la Bourboule et la petite ville de Murat-le-Quaire se dessinent agréablement en face du voyageur. La route s'engage ensuite par une pente assez forte dans une forêt de sapins qui contourne la belle montagne de Bozat, dont les escarpements couverts de rochers et de grands arbres forment le site le plus alpestre qu'on puisse voir sans aller aux Alpes. C'est là vraiment un paysage d'un grand aspect, et le morceau capital des Monts-Dore. A chaque instant la route descend dans des gorges profondes pour remonter ensuite, puis redescendre encore, et cela toujours au milieu des sapins, des rochers, des eaux les plus vives et les plus bruyantes. Que tout cela est beau, mon cher ami, et que, malgré le triste état de l'air, j'ai éprouvé de jouissances dans cette journée! La Roche-Vendeix, le ruisseau de la Vernière, la Grande-Scierie, se présentèrent successivement sur mon passage. Le noir massif de la forêt de La Roche attire surtout les yeux dès que le chemin vous amène sur les hauteurs, et jamais encore je n'avais vu rassemblés tant et de si beaux sapins. En somme, et sans les avoir recherchés individuellement, j'avais pris une connaissance, imparfaite sans doute mais déjà fort agréable, des sites les plus remarquables du Mont-Dore; tous sont merveilleux de beauté, tous méritent d'être connus et admirés.

Au milieu de l'impression grave que fait naître la sombre forêt de Bozat, une note douce et gaie vient charmer le cœur du naturaliste, c'est le chant mélodieux de la grive, *turdus musicus,* que nous n'entendons qu'au premier printemps et seulement pendant quelques jours, dans nos plaines du centre, mais qui se prolonge ici beaucoup plus tard. Tandis qu'une partie de ces oiseaux voyageurs se porte dans les forêts du nord de l'Europe pour y nicher, une autre partie trouvant dans la région montagneuse du centre de la France les conditions climatériques qui lui conviennent, s'y fixe pour la belle saison, et là, tandis que sa compagne échauffe sa couvée, l'heureux oiseau l'égaye par son doux chant, et tapis au plus épais d'un grand sapin, d'un hêtre touffu, du matin au soir il chante ses amours. Quels doux instants je passai à l'écouter, mon cher confrère, et comme il justifie bien le terme spécifique *musicus* que Linné, poëte autant que naturaliste, lui a assigné le premier !

Dès mon entrée dans la forêt je retrouvais, suspendu aux branches des arbres, l'*usnea barbata*, ce curieux lichen filamenteux qui simule si bien la barbe blanche d'un vieillard. L'humidité constante de l'air lui a donné, cette année, un développement exceptionnel. J'en ai mesuré quelques touffes; elles avaient soixante centimètres de longueur, sur une largeur de moitié moindre. Les botanistes admettent que ce cryptogame ne fait que s'insérer sur les arbres et qu'il n'en tire aucune nourriture. Il ne paraît pas être en effet un parasite dans le sens rigoureux du mot, ce qui ne veut pas dire qu'il ne nuise pas à la végétation; je suis persuadé du contraire. En enlaçant de son inextricable réseau les jeunes rameaux, l'*usnea* les étreint, les étouffe et peut à la fin les faire périr. On voit ainsi se produire dans l'épaisseur d'un sapin des lacunes de verdure, ordinairement arrondies, dont le cercle va s'accroissant sans cesse comme le fait l'aire des cuscutes dans nos prairies artificielles.

Vers cinq heures du soir je gravissais la dernière rampe du bois de Latour, après laquelle je devais me trouver sur le plateau qui sépare la vallée de la Vernière de celle de la Burande. C'est dans cette partie de la forêt que, pour la première fois, je rencontrai de la phonolithe, pierre tabulaire assez voisine du trachyte par sa composition et par sa couleur, mais qui s'en distingue par une sonorité tout à fait remarquable. Des monceaux de cette roche, destinés au macadam de la route, se trouvaient déposés sur ses bords, et, suivant ma coutume de frapper sur chaque pierre que je rencontre, j'allai leur donner quelques coups de mon marteau. Jugez de ma surprise quand, au lieu du son mat que j'obtiens d'ordinaire, je déterminai un retentissement métallique des plus prononcés. Vous avez entendu quelquefois, dans les gares, le bruit que produit le marteau du mécanicien frappant sur les roues des wagons pour s'assurer qu'elles sont en bon état ; eh bien, c'est un son tout pareil que rend la phonolithe sous le choc d'un maillet. Je vous laisse à penser si je m'empressai d'en détacher des fragments pour mon musée.

J'achevais cette besogne quand des cris sauvages poussés sous bois attirèrent mon attention et vinrent me causer une vive souleur. A une faible distance sur ma gauche, au plus épais de la forêt, j'entendais des vociférations inintelligibles mais fort bruyantes, et l'idée qui me vint de suite est que deux hommes étaient aux prises et vidaient d'une manière peut-être sanglante leur querelle au fond du bois. Sachant combien l'Auvergnat, si pacifique d'ordinaire, devient opiniâtre dans ses coups quand il est aveuglé par la colère, je ne doutai pas qu'il n'y eut bientôt mort d'homme si la lutte se prolongeait. Cette crainte, vous le comprenez, m'agitait horriblement et ne me permettait pas de rester inactif : « Volons auprès de ces malheureux, me dis-je aussitôt, et tâchons d'en sauver au moins un. » Déposer Azor sur la route et m'élancer dans la direction des cris fut l'affaire d'un instant, mais je n'avais pas franchi cent mètres en courant que j'étais tout-à-fait rassuré. Au lieu de deux hommes s'égorgeant ou s'assommant, je vis là un intéressant spectacle. Sur un sentier de forêt d'une raideur effrayante, deux vaches retenaient avec peine la lourde charge de bois placée sur leur charriot, tandis que le conducteur les appuyait de la voix, accélérant ou modérant leur allure par ses gestes et par ses paroles ; c'est cette conversation avec ses bêtes que de loin j'avais prise pour une violente altercation.

Le mal que se donnaient cet homme et son attelage pour ne pas culbuter sur cet affreux chemin et se briser contre les abres m'émut profondément et raviva en moi une idée extravagante, un rêve absurde, qui m'obsède quelquefois, sans que je puisse toujours m'en défendre avec succès. Quel est l'homme ici-bas qui n'ait sa marotte? La mienne donc, puisque je veux vous confesser aujourd'hui ma faiblesse, serait de posséder la force herculéenne de ce Milon de Crotone, qui portait aisément un bœuf, ou, mieux encore, celle de Samson, capable d'ébranler les murailles d'une forteresse. Comprenez-vous quels services pourrait rendre celui qui en serait doué? Voilà, par exemple, un pauvre homme dans la situation la plus triste; ses deux vaches sont tout son bien; encore un instant et il les voit emportées par la pente du terrain, précipitées dans un ravin, ou terrassées par la charge et

gisant à terre avec un membre brisé; c'est sa ruine, il se **désole!**
En ce moment je parais, d'une main ferme je **saisis les deux vaches,**
la voiture et les poutres, et je dépose le tout sans avaries **sur la grande**
route. Quelle reconnaissance dans le cœur de ce pauvre Auvergnat et
quelle douce satisfaction dans le mien! Croyez-vous que la force
surhumaine qui me vaudrait des jouissances si pures ne soit pas enviable? N'a-t-elle pas été de tout temps dans les aspirations de l'humanité, et n'est-ce pas cette ambition qui a enfanté la fiction des Titans,
ces géants de la fable, qui, pour escalader le ciel, entassaient sur l'O-
lympe, le Pélion et l'Ossa? Eh bien, non, mon cher ami, la possession
de cette force prodigieuse n'est pas enviable, nous serions trop tentés
d'en abuser. « Tu as agi plus sagement, Souverain Maître de l'Univers,
et il est bon qu'un homme possède la force de l'homme et non pas celle
d'une locomotive, à moins que, par un nouvel effet de ta sagesse et de ta
bonté, dans ce corps pétri de force tu n'ayes du même coup placé l'âme
d'un saint. » Sans cela est-il bien sûr que cette vigueur étonnante ne
serait jamais mise au service d'une cause injuste? Et puis, si la force
de Samson m'était donnée, où la logerais-je? ce n'est pas à coup sûr
dans mes cheveux; ils se font plus rares chaque année, et je commence à trouver que mon coiffeur gagne trop aisément les soixante-
quinze centimes qu'il me prend pour les couper. Quelle injustice,
autrefois, quand j'avais la tête bien garnie, je payais dix sous seulement!

Je suivais avec intérêt les péripéties de la lutte engagée entre le
paysan et les obstacles que lui suscitait la nature. Le char avançait
avec une sage lenteur. L'attelage se portait en avant d'un pas ou deux
puis s'arrêtait; l'homme commandait le mouvement, et les animaux
l'exécutaient ponctuellement; devenait-il trop rapide, le conducteur se
jetait résolument au devant du joug, et pour ne pas l'écraser, les
bonnes bêtes, par un prodige de docilité et d'efforts, trouvaient le
moyen de résister à l'impulsion du char et de s'arrêter sur le champ.
Qu'on soutienne après cela que la vache est un animal stupide, je n'en
croirai rien. A leur place un cheval, capricieux et bête, aurait roulé
dix fois à terre avec la voiture sur un terrain pareil; avec du temps, de
fréquents arrêts et l'habile direction de leur conducteur, les vaches
de mon brave auvergnat arrivèrent sans encombre à la route; mais il
ne leur avait pas fallu moins d'une demi-heure pour parcourir les cent
mètres qui les en séparaient.

Rassuré désormais sur leur compte, je repris ma course à **travers le**

bois, et une demi-heure après j'en avais atteint la lisière, qui correspondait assez exactement au point culminant de la route. Le pays, en effet, à partir de cet endroit, s'incline vers le sud-ouest, l'air est moins froid, les pentes sont plus douces, et les herbages recommencent. Je retrouvai là les vastes espaces gazonnés et les grands troupeaux de bêtes rouges que j'avais admirés l'an passé; mais en même temps je constatai combien les froids persistants du printemps ont retardé la végétation. Les gentianes, qu'à pareille époque j'avais trouvées en pleine fleur l'année dernière, avaient atteint tout au plus la moitié de leur croissance. Bientôt la route se dégageait des hautes montagnes et descendait doucement jusqu'à Latour d'Auvergne. Le temps s'était un peu éclairci, et l'altitude du lieu étant encore considérable, le pays qui s'étalait devant moi était vraiment beau. A trois kilomètres au sud la petite ville de Latour se dressait sur un rocher au milieu des prairies. Plus à l'ouest, les Orgues de Bort formaient un relief important dans la contrée que traverse la Dordogne, et au-delà de celle-ci se déroulait une plaine plus basse, dont les brumes aujourd'hui masquaient l'étendue. Pourquoi faut-il qu'elles m'aient aussi masqué le massif du Cantal, que j'aurais tant aimé à revoir dans son ensemble avant de pénétrer dans celles de ses vallées que je compte parcourir cette année! Il me fallut renoncer à cette satisfaction, et sentir une fois de plus toute la différence qu'apportent le beau et le mauvais temps dans le plaisir que procure un voyage d'Auvergne. Sans doute le brouillard et la pluie sont partout un contre-temps fâcheux, mais plus encore dans les montagnes, où une des plus vives jouissances du voyageur consiste dans les larges horizons qui s'ouvrent à chaque instant devant lui, et lui donnent connaissance des lieux mêmes qu'il n'a pas le loisir de parcourir. Par le soleil les divers plans de la contrée se succèdent d'une façon plus ou moins distincte jusqu'à des distances fort grandes; le temps est-il à la pluie, tout devient terne et gris, le rideau se rapproche jusqu'à vous enserrer dans le brouillard. Vous dirai-je aussi les différences que l'état du ciel apporte dans le cœur du voyageur? La pluie c'est le découragement et la tristesse; le soleil, c'est la gaîté, l'entrain, l'enthousiasme, dipositions morales qui ne contribuent pas peu à rehausser les joies du voyage et à en amoindrir les fatigues. Donc, quand on peut faire autrement, ne jamais venir en Auvergne sans un beau temps bien assuré; promettez-moi de le dire à nos amis, mon cher confrère.

Pour tromper un peu l'ennui que me causaient le brouillard et la pluie, je me mis à faire de la botanique. Les prairies voisines de la route n'étaient pas encore fauchées, et je pus recueillir quelques unes des nombreuses fleurs qui les émaillaient. Mais parmi celles que je trouvai là je n'en vis aucune avec plus de plaisir que la grassette commune, *pinguicula vulgaris*, qui poussait abondamment dans les parties humides de ces herbages. Je ne puis me défendre d'une sorte de prédilection pour cette jolie miniature ; la rosette de ses feuilles est d'un vert si tendre, sa hampe est si fine, et les deux fleurs éperonnées qui la surmontent sont d'un améthyste si franc et si riche que j'aime la grassette malgré ses instincts carnassiers. Car, vous ne le savez peut-être pas, mon cher confrère, elle appartient à ce singulier groupe de plantes carnivores, qui, comme les *Dionea*, les *Drosera*, les *Parnassia*, etc., non contentes de vivre aux dépens du sol et de l'air, engluent encore les insectes, et, s'il faut en croire certains botanistes, en absorberaient la substance. Une plante carnivore, cela vous étonne, je le comprends ; nous sommes si habitués à voir les insectes dévorer les plantes que nous admettons difficilement la réciproque. Cette opinion pourtant est soutenue par Francis Darwin et par quelques autres, ce qui ne veut pas dire qu'elle soit déjà passée à l'état de fait scientifique incontestable. Si le *pinguicula* est réellement carnivore, je ne suis plus surpris qu'il ait la feuille si épaisse et qu'il mérite si bien le nom de *grassette* qui lui a été donné : une plante qui mange des beefsteacks de moucherons et d'araignées a beau jeu pour engraisser.

A sept heures du soir j'étais à Latour et me réfugiais bien vite dans un cabaret, il était temps ; une nouvelle averse commençait à tomber et m'eut mouillé d'importance, je l'étais suffisamment déjà ; cependant cette pluie dura peu, et après dîner j'allai faire un tour dans le village. Il est bâti sur un rocher assez élevé qui surgit dans la vallée de la Burande. Une de ses places est une *Chaussée des Géants*, dont les dalles ne sont autres que les assises supérieures des prismes basaltiques dont se compose le rocher. Près de l'église, ces prismes, très réguliers, forment un massif carré, de dix mètres d'élévation, qui supportait, il y a deux siècles, un château habité souvent par la reine Marguerite de Navarre. Des fouilles récentes ont mis à nu des caves et des citernes parfaitement conservées. La municipalité, m'a-t-on dit, va créer sur ce roc un square, d'où les baigneurs de la Bourboule et du Mont-Dore, qui viennent en excursion jusqu'ici, aimeront à admirer le paysage magnifique qui se déroule vers le sud.

Latour-d'Auvergne, si je ne me trompe, est le berceau de la famille illustre à laquelle appartenaient Turenne et « ce Premier Grenadier de France », que sa modestie et sa valeur ont rendu populaire, et dont le souvenir était resté tellement vivant parmi ses compagnons d'armes que, suivant une légende touchante, longtemps après qu'un boulet l'eut couché sur le champ de bataille, son nom figurait encore sur les contrôles du régiment, et que l'appel en était fait régulièrement chaque jour. J'ai voulu savoir si quelque membre de cette famille résidait encore dans le pays ; depuis longtemps on ne connaît plus de Latour-d'Auvergne à Latour-d'Auvergne.

Ici, mon cher confrère, se termine la première partie de mon voyage de cette année ; elle a duré quatre jours seulement. Découragé par la pluie, j'ai pris la résolution de rentrer à Paris, remettant à des temps plus propices la visite des localités qui me sont inconnues dans ce pays si digne d'attirer les amis de la nature et du beau. Demain matin j'irai prendre à Tauves la voiture de Clermont, et pour ne pas me fatiguer outre mesure dans cette course matinale, je suis allé ce soir m'entendre avec un propriétaire du pays, qui me conduira à Tauves dans sa voiture. Je trouvai cet homme occupé à panser son cheval. L'écurie était taillée dans le basalte, et les prismes de cette roche formaient trois côtés de ce sous-sol. Le quatrième côté, sur lequel s'ouvre la porte, était seul en maçonnerie. C'est une chose originale que cette disposition, qui se répète, m'assure-t-on, dans la plupart des maisons de Latour-d'Auvergne.

A plus tard, mon cher ami, la suite de ce voyage ; ce sera certainement cette année, s'il plaît à Dieu. Au revoir et à bientôt.

CINQUIÈME JOURNÉE

Chastreix (Puy-de-Dôme), 31 août 1872.

Comme vous l apprendra ma lettre, mon cher confrère, je suis arrivé avant-hier en Auvergne. C'est la troisième fois depuis une année que je me rends dans ce pays, et probablement cette nouvelle vous aura fait quelque peu sourire. « Décidément, mon pauvre homme, pensez-vous, vous en tenez pour l'Auvergne, c'est chez vous une maladie; encore un voyage et l'on vous naturalisera Auvergnat. » Je conviens que j'aurais pu aller prendre mes vacances ailleurs, mais pourquoi pas en Auvergne? est-ce que ce pays ne vaut pas autant et plus qu'un autre? est-ce que j'ai pu le voir complètement dans un voyage de deux semaines l'an passé et dans une course de quatre jours cette année? est-ce que je le connais à fond? je ne vais pas si vite en besogne, voyageant presque toujours à pied, et ne faisant pas en moyenne plus de vingt kilomètres par jour. Je voudrais bien vous y voir, mon gros confrère; allez, je vous accorde un mois de promenade ici à pied ou autrement; croyez-moi, au bout de ce mois vous n'aurez pas toutvu.

Cette fois je ne suis plus seul; j'ai un compagnon, le jeune Lucien Dumartin, solide gaillard de dix-sept ans, fils de M. René Dumartin, fonctionnaire important d'un de nos principaux ministères et mon plus intime ami. Ce garçon paraît avoir du goût pour les voyages, et son père, à qui je ne sais rien refuser, m'a prié de lui faire visiter la partie de l'Auvergne que je compte parcourir, et de l'initier à cette admirable science de la géologie, dont cette province nous offrira les faits les plus importants et les plus variés. C'est ainsi qu'avant hier, 29 août, nous avons quitté Paris à dix heures du matin, et sommes arrivés à Clermond-Ferrand à six heures du soir, pour dîner. Cet acte important accompli à l'Hôtel de Lyon, nous sommes allés à la lueur du crépuscule, puis à celle du gaz, visiter la petite ville de Royat, qui résume pour beaucoup de braves gens un voyage d'Auvergne. Que de fois j'ai entendu des parisiens me dire avec l'accent d'une

conviction sincère : « Certainement je connais l'Auvergne, je suis allé
à Royat ! » Que Royat soit en Auvergne, je ne le nie pas absolument,
mais qu'on ait vu et qu'on connaisse l'Auvergne parce qu'on est allé
boire quelques verres d'eau thermale à Royat, c'est une autre affaire.
C'est l'Auvergne... si l'on veut, à peu près comme Montrouge est
Paris, moins encore. Ce ne sont pas des touristes de notre trempe (je
parle de Dumartin et de moi) qui se contentent de cet aperçu ; aussi
hier matin la voiture de M. H. Gorsse nous emmenait-elle à la ville
du Mont-Dore, d'où mon jeune ami et moi devons commencer, en
voyageurs sérieux, cette série de rudes journées dont vous allez recevoir la relation détaillée.

La vue des Monts-Dômes fit une vive impression sur mon compagnon, mais il en ressentit une plus vive encore lorsque, ayant dépassé
le lac de Guéry, la voiture se mit à serpenter sur la corniche des vallées de la Chaneau et de la Dordogne, d'où un spectacle vraiment
grandiose se déroule incessamment sous les yeux. Je vis avec plaisir
que le fils de mon ami se montrait sensible aux beautés de la nature
et qu'il trouverait de réelles jouissances dans l'excursion que nous
allions entreprendre. Une chose pourtant me contrariait en lui ; il se
montrait froid pour la géologie et ne paraissait pas comprendre l'importance capitale de cette belle science. Pour enflammer du premier
coup sa jeune imagination, je lui apportai des porphyres trachytiques
superbes, des cristaux de pyroxène, de l'amphibole actinote; il les
prit, les regarda froidement, et me dit sans s'émouvoir : « Eh bien,
ça, ce sont des pierres. » Les bras m'en tombèrent : ça des pierres ! du
pyroxène augite, de l'amphibole actinote, des pierres ! Le malheureux
n'y voyait rien de plus; il ne sentait pas. Je compris de suite que
j'aurais du mal à exciter son enthousiasme pour la science des minéraux, mais je ne me découragerai pas, et lui infuserai cette science
à si forte dose qu'il finira bien par y mordre.

A trois heures nous étions arrivés et commençâmes par déjeuner ; c'était urgent après un voyage de sept heures sur un plateau
abominablement ventilé. Il était trop tard pour entreprendre à
cette heure notre première étape, et nous nous bornâmes à faire un
tour dans la vallée. Nous remontâmes la Dordogne, visitâmes la
Grande Cascade, le confluent de la Dore et de la Dogne, et revînmes à
la ville par les hauteurs du Capucin. Tout en accomplissant cette
ronde, je n'avais pas négligé ma collection de minéralogie, et le lit
de la Dordogne m'avait fourni un moyen de l'enrichir. Je le trouvai

rempli de porphyres de toutes les couleurs, violets, rouges, bruns, verts, gris, noirs ; ces derniers maculés de cristaux blancs de sanidine qui font ressortir la couleur noire de la pâte et vraiment magnifiques. Que de richesses accumulées sur un petit espace ! Vous dire si je me mis à dépecer tous ces blocs est bien inutile ; j'y consacrai même pas mal de temps. Cela ne faisait pas l'affaire de Dumartin, qui préférait la promenade aux minéraux, mais je le laissai dire, et comme il se montrait trop impatient de partir et m'ennuyait de ses observations, je lui mis sur le dos les cailloux que je venais de ramasser ; ils représentaient déjà une jolie charge. Cela tempéra son ardeur ; il n'en escalada pas moins très lestement les pentes du Capucin, et à sept heures du soir nous reposions gaiement au pied de ce superbe rocher. Quand nous nous relevâmes, la nuit était venue, et c'est un peu à tâtons que nous avons traversé la forêt environnante pour rentrer à la ville. Ce n'est pas sans quelque difficulté que, dans l'obscurité, nous parvînmes à nous maintenir dans l'affreux sentier qui conduit à la route de Latour ; des fondrières et des cailloux roulants nous occasionnèrent plusieurs chûtes, mais heureusement pas d'entorse. A neuf heures nous avions rejoint notre hôtel et, après un souper rapide, allions nous coucher. Sans doute cette première journée n'avait pas avancé notre voyage, puisque nous revenions le soir à notre point de départ ; son résultat n'était pourtant pas nul, car nous avions vu une belle vallée, récolté des échantillons précieux, et j'avais enfin reconnu dans mon compagnon les qualités indispensables à un touriste : un jarret d'acier, beaucoup d'entrain, une bonne volonté à toute épreuve, d'où je concluais avec certitude qu'il me suivrait sans difficulté partout où il me plairait de le conduire.

Nous dormîmes profondément, cependant les porphyres de la Dordogne me trottèrent toute la nuit dans la tête, et ce matin, à cinq heures, je me glissai sans bruit hors de l'hôtel pour aller compléter ma cargaison dans le lit de la rivière. A cette heure le ciel était sans nuages et le soleil dorait déjà la cime du Capucin. L'instant d'après il empourprait toute la forêt qui couvre sa base, et bientôt je le voyais apparaître au-dessus des crètes, à l'est de la vallée. C'est partout une chose magnifique qu'un lever du soleil ; nos confrères médecins et chirurgiens font fi de ce spectacle, mais les accoucheurs ne sont pas si dédaigneux ; ils *se l'accordent* bien cinquante fois par an, si ce n'est plus. Si familier que me soit le lever du soleil, je ne fus pourtant pas fâché de le voir une fois de plus dans la vallée du Mont-Dore ; là c'est encore plus beau qu'à Paris. La journée commençait bien et je pouvais croire qu'elle se continuerait de même ; il n'en fut rien. Le vent était retourné à l'ouest, et dès six heures du matin des flocons de vapeur se formaient sur la montagne. Je les voyais rouler sur ses flancs, rester quelques instants suspendus et comme indécis au-dessus des prairies, puis se balancer doucement à droite, à gauche, au gré des courants contraires de la vallée ; à la fin tourbillonner sur eux-mêmes et remonter lentement sur l'autre versant pour aller évoluer de la même manière dans une vallée voisine. Je passai une bonne demi-heure à contempler cette scène matinale, et même elle me fit oublier momentanément la minéralogie. Cependant je finis par me mettre à la besogne ; les coups de marteau se succédaient sans relâche, et à huit heures, mon sac étant plein de nouveaux trésors, je regagnai l'hôtel et complétai ma nuit par une sieste de quelques heures.

Mais avant de quitter la Dordogne, je dois vous dire comment les habitants du Mont-Dore se procurent du sable à mortier, matière rare et précieuse dans le pays. Ne possédant ni carrière de sable, ni rivière au cours lent, qui en dépose abondamment sur ses rives, ils sont tenus de ne rien perdre de celui que leur torrent produit par la trituration des roches charriées dans son lit. Ce sable, on le recueille en formant des barrages avec de grosses pierres, et en creusant immédiatement au-dessus deux des bassins dans lesquels le courant, ralenti par la digue, laisse déposer les parcelles siliceuses qu'il tient en suspension. Chaque fois que le bassin est rempli on le vide, et bientôt un nouvel orage le remplit de nouveau. On obtient par ce procédé une bonne partie du sable qu'exigent les constructions, et on n'importe au Mont-Dore qu'une faible quantité de cette substance, toujours coûteuse quand on la fait venir de loin.

A mon réveil l'aspect de la vallée avait bien changé. La ville était plongée dans le brouillard et dans la pluie, et c'est à peine si, de nos fenêtres, on pouvait apercevoir les pentes rocheuses qui la bordent de chaque côté. Pour nous ce contre-temps était doublement fâcheux, mais qu'y faire ? Il faut bien prendre le temps comme il vient, dit la Sagesse des Nations ; c'est ce que nous fîmes, et à une heure de l'après-midi, Dumartin et moi sortions du Mont-Dore, bien décidés à nous rendre le soir même à Chastreix par le chemin des montagnes. Ce chemin nous fit repasser au pied du Capucin par notre effroyable sentier du soir précédent, et quelques instants après nous reconnaissions, sur une pelouse de la forêt, une barraque que j'avais prise la veille pour un bâtiment de forestiers. Nous étions dans le Salon du Capucin, et la barraque était la buvette qu'une femme a été autorisée à y ouvrir pendant la saison des bains. Elle s'y trouvait seule, découragée par l'absence des baigneurs, retenus à la ville par le mauvais temps. Un verre de chartreuse que nous lui achetâmes lui fit du bien et nous donna du cœur. Nous reprîmes alors notre voyage à travers les grands sapins qui couvrent la montagne. Je ne pouvais me lasser de les admirer. C'est une chose qui m'impressionne toujours énormément qu'une forêt de vieux sapins ; elle me fait rêver, et en cherchant à établir des rapprochements à la façon de Toussenel entre les diverses circonstances de la vie humaine et cette forêt; j'étais amené à voir en elle l'emblême de la vieillesse, mais de la vieillesse calme, digne, majestueuse, pleine du respect de soi-même et imposant ce respect à ceux qui l'approchent ; tels des sénateurs romains assis sur leurs chaises curules, ces grands arbres vénérables, avec leur longue barbe blanche d'*usnea* ; ce qui n'implique nullement que le sénat romain ne fut autre chose qu'une réunion de vieux sapins, oh non, loin de moi cette impertinente pensée.

Comme il y avait danger de nous égarer dans cette forêt, pour plus de sûreté nous demandâmes à un pâtre si le sentier que nous suivions était bien celui qui mène à Chastreix. Il nous le confirma, « mais, ajouta-t-il, il y a un instant est passée une femme qui va sans doute à ce village, et qui pourra vous guider. » C'était là une circonstance trop heureuse pour que nous pussions la négliger, et nous pressâmes le pas pour rejoindre la voyageuse ; elle avait peu d'avance, et bientôt nous l'aperçûmes. Derrière elle trottinait un jeune chien qui paraissait la suivre avec peine. Quand nous fûmes près d'elle, je lui fis savoir que nous allions à Chastreix et lui demandai la permission de marcher de conserve avec elle. Cette bonne femme ne parut pas précisément satisfaite de la proposition. Elle nous regarda un instant d'un air défiant, et, sans refuser tout à fait d'accéder à notre désir : « passez devant » fit-elle avec un geste impératif qui n'admettait pas d'observations ; nous obéîmes. Je ne déciderai pas si elle agissait ainsi par prudence et par peur, ou pour ne pas nous montrer ses jambes nues, l'herbe mouillée l'obligeant à relever sa robe; mais j'incline à croire que la société de deux vagabonds d'assez mauvaise figure (moi du moins, car Dumartin est un beau garçon, d'un physique tout à fait séduisant) ne lui allait qu'à moitié et qu'elle s'en fût aisément passée. Notre conversation eut donc pour but de la rassurer sur nos intentions et de lui prouver que nous étions réellement deux honnêtes touristes assez embarrassés pour trouver notre chemin au milieu du brouillard et dans un pays inconnu. Même, pour toucher son cœur, je pris sur mon bras son petit chien, dont les cris de détresse me faisaient peine, en sorte que, pendant près d'une heure, je portai deux Azors en même temps : un Azor-sac et un Azor-chien. C'était une rencontre providentielle que celle de cette femme ; jamais sans elle nous n'aurions pu nous tirer d'affaire dans cette région accidentée, couverte de brumes, où le sentier se perdait à chaque instant dans les herbes. Force eut été pour nous de battre honteusement en retraite et de rentrer encore une fois au Mont-Dore. Nous remerciâmes sincèrement Dieu de ce secours inattendu, dont la conscience du danger nous faisait sentir tout le prix. Ce mouvement de reconnaissance envers la Providence fut malheureusement troublé trop tôt ; au bout d'une heure de voyage en commun, notre guide, qui n'allait pas à Chastreix, prit congé de nous en nous indiquant vaguement la direction du village, et en nous recommandant expressément de ne pas perdre un seul instant de vue notre sentier, sous peine de nous égarer. Vous jugez si cette retraite fut pour nous un coup terrible, et combien mon cœur se serra à cette nouvelle. Je me demandais avec anxiété comment nous sortirions de ce mauvais pas, où mon imprudence nous avait engagés, et la réponse à cette question n'était rien moins que rassurante. Je ne voulus pourtant pas donner longtemps prise à une pensée de découragement, et, à cause de mon compagnon, compris la nécessité de réagir promptement contre une inquiétude trop justifiée. « Dumartin, lui dis-je, le ciel et la terre nous abandonnent. Ensevelis dans cette brume intense, délaissés par cette femme, notre guide providentiel jusqu'ici, exposés à chaque instant à une mort affreuse dans un précipice ignoré ou par la dent des bêtes féroces, nous sommes perdus si nous faiblissons. Opposons à la mauvaise fortune une indomptable énergie. Soutenons notre courage par le souvenir de ces hardis pionniers, qui s'avancent dans le *far west* américain, conquérant chaque jour de nouvelles terres à la civilisation et à la culture. Prenons aussi exemple sur ces courageux explorateurs qui, au péril de leur vie, s'efforcent de nous ouvrir le centre de l'Afrique : les Mungo-Park, les Lander, les Caillé, les Livingstone, les Camoron, les Stanley, oui, même Stanley. Je ne l'ignore pas, cet américain hait et méprise notre nation et ne s'en cache pas ; il n'a trouvé pour elle, au milieu de ses malheurs, que des paroles de sarcasme et d'insulte ; admirons-le quand même, sa recherche de Livingstone et sa traversée du continent africain sont des titres de gloire impérissables. »

Je trouvai chez Dumartin un courage au-dessus de son âge. Il m'assura qu'il n'était nullement effrayé, et qu'un peu de brouillard ne suffisait pas pour le troubler; qu'après tout nous n'étions pas au centre de l'Afrique, et qu'à force de marcher devant nous nous finirions bien par rencontrer un endroit habité. Le pauvre garçon raisonnait comme s'il se fut trouvé près de Paris. Je crois qu'au fond il n'était pas très rassuré; je fus néanmoins content de sa réponse, qui me prouva qu'il ne manquait ni de résolution, ni de sang-froid, et que très certainement, dans la suite, il se montrerait digne de cette lignée d'hommes énergiques à laquelle il appartient.

Nous étant ainsi réconfortés mutuellement, nous nous remîmes à marcher au milieu du brouillard. Pendant deux mortelles heures, mon cher confrère, heures de silence et d'angoisse, nous avançâmes le corps penché en avant et les yeux fixés sur le sentier, notre unique planche de salut, comme une meute applique son nez sur la piste refroidie d'une bête fauve. Il ne fallait pas le perdre de vue un seul instant, ou bien nous risquions de dévier de notre route, d'être surpris par la nuit sur ces hauteurs glacées, et d'y succomber sous les étreintes du froid, de la faim et de la fatigue. Par un bonheur inespéré, le sentier resta distinct jusqu'au bout. Après deux heures d'une marche anxieuse nous nous étions abaissés de deux à trois cents mètres, et le brouillard nous parut moins intense. Une fois même ce voile épais se déchira pendant une seconde, et par cette cravasse nous entrevîmes au loin la plaine ensoleillée; ce ne fut qu'un éclair, mais il suffit pour nous rendre du courage et des forces. Nous précipitâmes notre marche et cent mètres plus bas nous étions enfin rentrés dans la région de la clarté et du soleil. Quelle joie pour nos cœurs oppressés, mon cher confrère, et quel soulagement pour moi, qui avais imprudemment exposé le fils de mon ami! Mais en même temps quel contraste subit dans notre situation : tout à l'heure perdus dans les nuages, maintenant éblouis par la lumière du soleil et pénétrés par sa douce chaleur; à nos pieds, la vie, des sites superbes et un horizon lointain, tandis que, rasant nos têtes, passaient d'obscures nuées, qui s'en allaient, à quelques mètres de nous, rouler lourdement sur la montagne. Etait-ce assez merveilleux ce contraste, et combien la joie d'avoir échappé au péril nous prédisposait à en jouir !

Certains maintenant que notre journée finirait bien, nous nous lais-

sions aller à la contemplation de cette scène admirable ; et puis quatre
heures d'une marche épuisante réclamaient quelques instants de repos.
Ayant aperçu à une faible distance un vieillard qui gardait trois belles
vaches, nous allâmes nous asseoir près de lui. Il nous regarda venir
avec un air d'assurance calme que j'ai souvent remarqué chez les
hommes de ce pays. Au lieu de montrer un visage surpris ou craintif,
comme le fait souvent un campagnard du centre à la vue d'un étranger,
l'Auvergnat, qui depuis son enfance a couru le monde et beaucoup vu,
n'est étonné de rien, et garde en toute circonstance une contenance
ferme et digne, qui ne peut provenir chez lui que du contact fréquent
des hommes et de l'habitude des voyages. Notre vieux paysan était
un de ces laborieux voyageurs qui naissent et qui meurent en Auvergne, mais que la pauvreté force à passer ailleurs la plus grande
partie de leur vie. Il avait visité la Normandie, la Touraine, l'Orlé-
anais, les provinces du Midi, faisant un petit commerce d'étoffes et
réalisant à ce pénible métier un bénéfice annuel de cinq à six cents
francs, qui l'a rendu propriétaire sur ses vieux jours. « Comme vous,
nous dit-il, j'ai beaucoup voyagé à pied, et avec un sac dix fois plus
lourd que le vôtre ; mais aujourd'hui j'ai soixante-quinze ans, je touche
à la fin de ma vie, et ne quitterai plus le sol sur lequel le Ciel m'a fait
naître. »

Pendant que cet homme parlait je l'examinais avec attention, et sa
vue faisait naître en moi de graves réflexions sur la brièveté de la vie
humaine. « Eh quoi, me disais-je, se peut-il que, dans vingt-cinq ans,
je sois à mon tour ce vieillard penché vers la tombe, dont le corps
voûté et les rides profondes offrent à mes yeux l'image complète de la
caducité ? Et que sont vingt-cinq ans à mon âge ? Un instant fugitif,
un rêve. Il y aura dans quelques jours trente ans que pour la première fois j'ai franchi le seuil de notre école ; trente ans aussi que,
soit dans les hôpitaux, soit dans la ville, je sers la société comme médecin, et cependant les phases les plus lointaines de cette carrière
médicale déjà longue se retracent à ma mémoire aussi vives, aussi
présentes que si elles dataient d'hier. Combien plus vite encore passe-
ront ces vingt-cinq ans, si le ciel me les accorde ! O vie humaine,
que tu es courte, trop longue pourtant si l'on mesure ta durée par les
douleurs dont tu es semée ! »

Nous avions quitté le vieillard depuis un quart d'heure quand le
hasard, par une de ces oppositions bizarres dont lui seul a le se-
cret, nous mit en face d'un second gardien du bétail, bien différent

du premier et dont la vue réjouit beaucoup Dumartin. Dans un coin isolé de la montagne nous trouvions un bambin joufflu et rose, de trois à quatre ans au plus, qui faisait l'office de vacher. L'importance du troupeau répondait à l'âge du gardien ; c'étaient deux jeunes veaux, assez grandelets déjà pour s'essayer à tondre le gazon. Il fallait voir comme ce pasteur d'un nouveau genre prenait son rôle au sérieux, et quelle peine il se donnait pour justifier la confiance dont il se sentait investi ; il ne songeait pas à jouer ; appuyé d'un air crâne sur un bâton qui dépassait sa tête d'un pied, il ne perdait pas de vue *ses bêtes* un seul instant. S'écartaient-elles outre mesure, de la voix et du geste, et en courant après elles de toute la vitesse de ses petites jambes, il les avait bien vite ramenées dans leurs limites. Connaissez-vous, mon cher confrère, rien de plus touchant que ce tableau, et de plus respectable que cet ouvrier de quatre ans, seul dans une prairie éloignée et surveillant ses deux génisses ? C'est peut-être une émotion bête que j'ai éprouvée là, mais je n'ai pu me défendre d'un certain attendrissement à la vue de cet enfant. J'aurais voulu lui faire entendre quelques paroles de félicitation et d'encouragement ; faute de parler sa langue, je les lui adressai mentalement : « Sois fier de ton œuvre, mon petit homme ; ton orgueil est légitime. A l'âge de l'insouciance et des jeux tu peux déjà te rendre utile. Tu sais donc que le travail honore l'homme, qu'il y trouve une consolation dans ses tristesses, la source pure de son aisance, le fondement solide de sa dignité et de son bonheur ? Qui donc t'a appris à connaître si tôt et si bien le véritable emploi du temps, et suivras-tu toujours ces sages enseignements ? Braves Auvergnats, vaillantes natures, je ne m'étonne plus qu'avec une pareille éducation, le combat de la vie vous trouve si forts, et que partout le succès vienne coronner votre carrière ! »

Sur les indications qui nous avaient été données nous nous acheminâmes vers Chastreix, et au bout d'une heure arrivions à la porte du village. Vous ne connaissez sans doute pas Chastreix (dans le pays on prononce Chastri), mon cher confrère ; je le comprends, car cette localité sans importance se trouve perdue dans les Monts-Dore, et à moins que d'être, comme moi, un enragé chercheur de sites sauvages, on ne s'amuse guère à y venir. C'est un très ancien oppidum galloromain, et je serais fort surpris si son nom actuel ne dérivait pas par corruption et par contraction du latin *castellum*. Comme Latour d'Auvergne, Salers, Saint-Flour, et une foule d'autres villes ou villages de ce pays, il est bâti sur un rocher de basalte, qui s'élève au milieu d'une vallée. A ces époques de guerre et de rapine où il fallait avant tout pourvoir à sa sûreté, quand il s'agissait d'établir un nouveau centre de population, les basaltes étaient l'objet d'une préférence marquée de la part des hommes de ce temps, et cette préférence se justifie : il suffisait de déblayer le pourtour du rocher pour se créer là une forteresse naturelle, dont les remparts élevés et d'une solidité à toute épreuve étaient faits pour décourager l'assaillant. Nous avons fait notre entrée à **Chastreix** à six heures du soir, par un beau coucher de soleil, et de suite allions remercier Dieu de l'heureuse issue de notre journée dans la coquette église du village, que nous tenions à visiter : après quoi le cabaret de M. Guillaume Brosson, tout près de l'église, eut l'honneur de nous donner à souper et à coucher

SIXIÈME JOURNÉE

Condat-en-Féniers (Cantal), 1er septembre 1879.

Excellente journée, mon cher confrère. Avant six heures j'étais éveillé, et, de mon lit, pouvais apercevoir la montagne toute ruisselante des clartés du soleil levant. Je me levai aussi pour aller admirer la campagne à cette heure matinale, et surtout pour constater l'effet que devait produire, sous l'action de cette lumière rosée, une longue colonnade de basalte qui fait face à Chastreix. Comme je m'y attendais, c'était fort beau.

En quittant la maison du cabaretier, je trouvai son voisin, le boulanger de Chastreix, occupé à charger sa carriole, et comme j'appris que cet homme se disposait à partir pour Besse, je le priai de me conduire, avec mon compagnon, jusqu'à Picherande, ce à quoi il consentit moyennant une légère rétribution. C'était du temps gagné; nous évitions de la sorte trois heures de marche, ce qui nous permettait de pousser aujourd'hui jusqu'à Condat, au lieu de coucher à Eglise-Neuve. Cette affaire réglée, j'allai, sans perdre de temps, réveiller Dumartin, et un quart d'heure après, nous allions rejoindre, sur la place du village, la voiture qui nous attendait. Au lieu du boulanger, c'est sa femme qui allait à Besse, et, comme la conversation me l'apprit bientôt, cette boulangère, par un cumul de fonctions qui n'est pas rare dans les petites localités, se trouvait être en même temps la sage-femme du pays. Cette circonstance me fit grand plaisir, vous le comprenez : une sage-femme pour automédon, quelle bonne fortune pour un accoucheur! Je pris place à côté d'elle, laissant mon compagnon se caser comme il le pourrait derrière nous sur des sacs vides, et j'entamai aussitôt une bonne petite causerie obstétricale, qui me retrempa dans la science des accouchements, nécessairement fort négligée dans mes voyages. Ma consœur avait fait ses études médicales à Clermont-Ferrand, sous la direction de M. le professeur Nivet, dont elle louait beaucoup l'enseignement clair et fructueux, et, munie de son diplôme, elle était revenue à Chastreix, où elle s'était mariée. Convaincue de la vérité de cet aphorisme de Buffon « qu'à côté d'un pain il naît un homme », elle avait épousé le boulanger de l'endroit, se disant qu'en allant porter chez les pratiques les pains façonnés par son mari, elle provoquerait *ipso facto* et séance tenante, dans chaque maison, une occasion d'exercer sa profession personnelle. Nous épuisâmes la question des présentations normales et vicieuses, celles de la délivrance, de l'hémorrhagie et de l'éclampsie, dont elle avait observé quelques cas; je la trouvai ferrée sur toutes. Cependant, si solide que fût son instruction, je n'en crus pas moins de mon devoir de lui rappeler quelques principes d'une saine pratique obstétricale que l'on est trop enclin à oublier; par exemple, de ne pas se hâter de faire la délivrance, et, avant de chercher à extraire le placenta, d'attendre toujours que son décollement se soit complété; de ne pas tirer trop fort sur le cordon ombilical, et de redouter par dessus tout l'arrachement du délivre; d'appeler de suite un médecin dans les cas embarrassants, etc. Bref, mon savant maître, le professeur Z...., aurait été content de moi, et, en considération de la sagesse dont j'ai fait preuve aujourd'hui, je crois même qu'il eût été capable d'oublier mes sympathies pour l'anesthésie obstétricale et de me rendre toute sa tendresse d'autrefois.

Notre entretien professionnel ne me faisait d'ailleurs pas perdre de vue la contrée, fort accidentée et très belle, que nous traversions. Nous contournions alors la base sud-ouest des Monts-Dore, et la route nous offrait une succession continuelle de collines élevées, de frais vallons, de bois de sapins et de hêtres, de belles prairies, enfin tous les éléments réunis d'un paysage des montagnes. Là aussi je rencontrai du basalte en butte (il abonde dans cette portion du pays). Il m'arriva plus d'une fois de voir trois ou quatre mamelons de cette roche, disposés sur une même ligne, à une faible distance les uns des autres, et ma préoccupation était de savoir comment ce basalte était arrivé là. Avait-il découlé d'un centre d'éruption, qui, dans l'espèce, ne pouvait être que le Mont-Dore? Étaient-ce des épanchements formés sur le trajet d'un filon, et qui dès lors se seraient produits sur place? Voilà ce que j'aurais voulu savoir, et c'est ce que ni la boulangère ni Dumartin ne pouvaient me dire. Réduit à mes seules connaissances pour trancher la question, j'opterais pour la première hypothèse, celle d'un transport lointain; j'ai eu si souvent ici l'occasion de voir des basaltes reposer sur toute espèce de terrains, sans y jeter de profondes racines, que je suis porté à croire que tous ceux qu'on trouve disséminés dans un rayon de 25 à 30 kilomètres autour du Mont-Dore, sont le produit des éjections de cet ancien volcan. Je ne suis même pas éloigné de croire que j'ai découvert le lieu d'où sont sorties toutes ces matières. A 4 kilomètres de la route, sur la gauche, on aperçoit en effet, dans le flanc de la montagne, une dépression arrondie entourée d'un cercle de rochers interrompu vers l'ouest, et qui m'a tout l'air d'être le vestige d'un cratère latéral du Mont-Dore. Je soumettrai mon hypothèse au jugement d'hommes compétents, et si on la croit fondée, je ferai de ma découverte le sujet d'un savant mémoire que l'Académie des sciences de Carcassonne ne saurait manquer de couronner. Je sais bien que mon titre de membre correspondant de cette illustre compagnie vous rendra jaloux, mais je m'en moque.

Saint-Donat fut bientôt dépassé, et au bout de deux heures du petit trot de notre bidet, nous traversions Picherande, pittoresque village assis sur un joli côteau. Vers neuf heures, la route nous amenait à proximité du lac Chauvet, que nous allions visiter, et là nous prîmes congé de la sage-femme, que je remerciai cordialement du service qu'elle nous avait rendu. Mon dernier mot toutefois, en la quittant, fut pour lui recommander expressément de nouveau de ne pas trop tirer sur le cordon ; si maintenant elle manque à ce précepte, ce ne sera plus ma faute, je m'en lave les mains.

Nous nous engageâmes, Dumartin et moi, dans des prairies découvertes, et vingt minutes après étions sur les bords du lac Chauvet. C'est le plus occidental des lacs situés au sud des Monts-Dore, lacs qui, pour la plupart, ont pris naissance dans des effondrements corrélatifs du soulèvement de ces montagnes. Je l'avais aperçu l'an passé du Pic-de-Sancy, et m'étais bien promis d'aller le visiter si jamais je revenais dans ce pays. Il mérite en effet qu'on aille le voir ; ce n'est certainement ni le Pavin, ni le Montcineyre, mais c'est encore fort beau cette nappe d'eau circulaire large de quinze cents mètres. Le Puy de Maubert lui forme, au sud, une demi-enceinte boisée, et, au nord, elle est bordée par des prairies. On ignore sa profondeur, dit Joanne, ce qui signifie, je pense, qu'on n'y a pas encore pratiqué de sondages, car il n'est pas probable que ce lac soit un abîme sans fond. Les eaux du Chauvet s'écoulent vers l'ouest, par un ruisseau de peu d'importance, qui va rejoindre la Rue par la Tarentaine. Nous contournâmes sa demi-circonférence sud, tantôt marchant sur une étroite plage de

gravier, tantôt nous enfonçant sous bois pour éviter les fondrières dont
ses bords sont remplis; ensuite nous lui dîmes adieu et perçâmes droit
vers l'est pour rejoindre la route de Besse à Église-Neuve d'Entraygues.
Du plateau qui sépare le bassin du Chauvet de la vallée de la Clamouse,
que suit cette route, nous aurions eu un peu plus tard une vue magnifique des Monts-Dore; mais pour l'instant ceux-ci se perdaient
dans les nuages.

Descendus dans la vallée de la Clamouse, nous y trouvâmes un air
chaud, un beau soleil, et alors commença pour nous une descente
agréable dans un ravissant vallon, sur une belle route dont la pente
assez forte nous portait sans efforts vers la ville d'Église-Neuve. Nous
fîmes de la sorte douze kilomètres dans un véritable jardin d'une
merveilleuse beauté, accompagnés tout ce temps par le mugissement
de la Clamouse, qui, malgré la sécheresse des jours passés, roule encore un volume d'eau considérable. Par moment le bruit de cette
rivière se renforçait subitement; nous approchions alors du ravin, et,
à travers les herbes et les arbustes de ses bords, apercevions une cascade haute de deux à six mètres, qui ferait pâlir de jalousie la cascade
du Bois de Boulogne, que nous prenons au sérieux, faute de mieux.
On rencontre ainsi cinq ou six cascatelles avant d'arriver à la ville.
Mais de toutes ces chutes, aucune n'atteint comme beauté celle dite *du
Pont d'Entraygues*, à deux kilomètres en amont d'Église-Neuve. Je n'en
connais même pas en Auvergne qui pussent rivaliser avec elle, si elle
avait plus de hauteur; celle-ci malheureusement n'est que de dix à
quinze mètres. L'eau, fort abondante en tout temps, est lancée avec
force du haut d'un rocher excavé par en-dessous et couronné de grands
hêtres, qui l'encadrent aussi sur les côtés; c'est un ravissant tableau.
Du bassin qui la reçoit, la Clamouse se précipite en rapides blancs
d'écume à travers les blocs qui encombrent son lit, et avec un bruit
que vous ne sauriez imaginer. C'étaient, s'il en fût jamais, un nid à
merles d'eau que les abords de cette cascade, et je me mis à leur recherche. Je n'avais pas fait cent pas sur les bords du torrent qu'un ménage de cincles s'élança d'un tourbillon d'écume à quelques mètres de
moi; sûr désormais que l'espèce n'en était pas détruite, je les laissai
en paix. Toujours par deux, ces merles d'eau; ils aiment, ils sont
heureux! Vivez, charmants oiseaux, ne craignez rien de moi; non, jamais la détonation de mon arme ne viendra troubler vos chastes
amours et vous ravir l'un à l'autre!

Je vous ai signalé tout à l'heure, mon cher confrère, le tapage infernal que produit la Clamouse avec ses continuelles cascatelles et ses rapides. Cette circonstance n'aurait-elle pas été pour quelque chose dans le nom qu'elle porte aujourd'hui ? Je présume que oui ; peut-être les Romains, frappés du mugissement incessant de ce torrent, l'avaient-ils appelé *rivus clamosus* (rivière qui jette des clameurs), d'où le nom de *Clamouse* lui est resté. Quoiqu'il en soit de mon hypothèse, la langue latine a donné un si grand nombre de mots à celle de l'Auvergne, et l'étymologie des noms actuels dans ce pays est parfois si transparente qu'on n'a pas grand mérite à la découvrir.

A midi on nous servait, dans une auberge d'Église-Neuve, un plantureux déjeuner qui nous rendit des forces. Nous avions pour voisins de table une famille de Condat, composée du père, de la mère et de deux fillettes âgées de huit et de six ans. Ces quatre personnes arrivaient de Vassivières, où elles étaient allées faire leurs dévotions dans la chapelle dont je vous ai parlé l'an passé. Il faut croire qu'elles se trouvaient fort épuisées par le voyage, car nous admirions, Dumartin et moi, comme ces braves gens dépêchaient les plats qu'on leur servait, et comme ils s'entendaient à vider les bouteilles de vin, sans y ajouter une seule goutte d'eau, qui du reste faisait complètement défaut sur la table. Nous fîmes un peu comme eux, et supportâmes notre Limagne sans difficulté ; c'est que l'air des montagnes creuse terriblement l'estomac, je vous assure.

Après le déjeuner, je laissai Dumartin libre d'aller faire un tour dans la ville, et me jetai sur un lit où, ma foi, je dormis d'un bon sommeil jusqu'à cinq heures. C'est donc à cette heure seulement que nous nous remîmes en route pour Condat, toujours côtoyant la Clamouse, devenue, je ne sais pourquoi, *Rivière d'Église-Neuve* après cette ville, et toujours aussi trouvant sur les deux pentes de la vallée les plus charmants paysages qu'on puisse imaginer. Cependant, le croiriez-vous, mon cher confrère, ces riants aspects, qui nous avaient tant charmés, le matin, nous les trouvions maintenant monotones et fatiguants ; c'est que, voyez-vous, quand on a fait vingt-cinq kilomètres dans un parc anglais, fût-ce le mieux orné et le plus beau, eh bien, on en a assez et l'on désire voir autre chose ; tant il est vrai que le changement est la première des lois qui régissent la matière organisée : « Diversité, c'est ma devise » a écrit quelque part notre bon Lafontaine, et il a raison.

Pour faire diversion à la satiété que me causaient à la longue toutes ces belles choses, je cherchai des pierres, et fus assez heureux pour mettre la main sur un morceau de basalte farci de péridot, dont, bien entendu, je ramassai force échantillons pour mes amis et pour moi.

Cette récolte de minéraux nous prit du temps, et le jour finit bien avant notre arrivée à Condat. Le crépuscule assombrit d'abord la vallée, puis vint la nuit noire, et pendant une heure nous marchâmes dans une obscurité qu'atténuait à peine le scintillement de quelques étoiles. La route suivait une gorge profonde boisée sur ses deux versants, et, sauf le grondement du torrent, tout était silence autour de nous. Nous ne tardâmes pas à subir l'influence de ce milieu peu rassurant, et notre marche, tout à l'heure encore égayée par de joyeux propos, devint tout à fait silencieuse ; elle me rappelait l'*ibant obscuri sub nocte per umbras* de Virgile, dans l'émouvant épisode de Nisus et d'Euryale, mais ce vague sentiment d'inquiétude, inséparable d'une marche de nuit, dura peu. Vers huit heures, la lune, encore dans son plein, s'était levée, et déjà les sommités de la forêt réfléchissaient sa douce clarté sur notre droite (nous marchions alors vers le sud). Peu à peu le versant de la montagne s'illumina dans toute sa hauteur, et à la fin le disque béni de Phœbée, dominant les crêtes les plus élevées sur notre gauche, vint éclairer la route sur laquelle nous cheminions. Nous redevînmes subitement expansifs et bavards, surtout moi, que la nouveauté et le caractère étrange de ce paysage nocturne surexcitaient au delà de toute expression. Le bruit du torrent, la magnificence du site, les effets magiques de cette lune versant les flots de sa lumière dans le ravin sauvage où nous étions perdus, tout cela agissait sur mes nerfs avec une puissance indicible ; tout cela m'exaltait jusqu'à l'ivresse, et bientôt il me devint impossible de taire à mon jeune ami mes impressions du moment : « Dumartin, m'écriai-je, la beauté féerique de cette forêt, de ces rochers, de ces montagnes, éclairés par l'astre des nuits, me ravit d'admiration. Sais-tu ce qui manque à cet ensemble pour lui voir acquérir son plus haut degré de sauvagerie et de grandeur ? C'est un lion parcourant son domaine en maître, et troublant du tonnerre de sa voix le silence de cette nuit et la majesté sereine de cette nature. Que faudrait-il de plus pour nous croire transportés dans ces ténébreux ravins de l'Aurès que Jules Gérard et son émule Chassaing ont rendus à jamais célèbres par leurs exploits cynégétiques ? Oui, j'aimerais en ce moment à entendre le rugissement d'un lion. » « Je ne doute aucunement, répliqua-t-il, que la présence d'un lion cherchant son dîner dans notre voisinage, et couvrant de sa voix puissante les clameurs de la rivière, n'ajoutât beaucoup à la grandeur de cette scène et au charme de notre soirée. Je crois même que si l'animal, quittant les profondeurs de sa forêt, voulait bien descendre jusqu'à nous et se mettre en travers de notre chemin, pour le coup notre satisfaction deviendrait complète. » Ce persiflage irrévérencieux, mais profondément sensé, me fit rentrer en moi-même et sentir quel vœu imprudent j'avais formé en souhaitant de rencontrer un lion dans cet endroit. La place était aussi mal choisie que possible pour une pareille rencontre : à notre gauche, la Clamouse mugissait dans une faille de cent vingt pieds de profondeur; sur notre droite, la lune éclairait une longue falaise d'une hauteur égale ; pas le moindre abri, pas de retraite possible, et de toute nécessité il eût fallu faire face au danger, s'il se fût présenté. Certainement mon ami Dumartin est brave, je ne suis pas poltron, mais, je vous le demande un peu, de quoi nous eussent servi notre bravoure et nos parapluies, si un lion nous eût alors attaqués? Et cependant je venais positivement d'en réclamer un. Ce sont bien là les écarts d'un mauvais jugement! Une idée fausse s'offre à l'esprit, on l'accueille, elle se fortifie puis vous absorbe; alors la tête s'échauffe, on s'emballe, on forme les souhaits les plus insensés, et l'on se met dans le cas d'être rappelé à la raison par un collégien de dix-sept ans! Car enfin était-ce assez absurde de demander à voir un lion dans la forêt de Condat?

Il va de soi que, rendu à tout mon sang-froid par les réflexions judicieuses de Dumartin, j'abandonnai de suite ma sotte prétention, et me bornai à jouir de ce spectacle tel que nous l'offrait la nature. Je vous l'affirme, mon cher confrère, c'était beau, merveilleusement beau, même sans le moindre lionceau, et l'on pouvait s'en contenter : c'est ce que je fis, et pendant une heure encore je savourai l'harmonie de ce ciel étoilé, et celle de l'astre éclatant qui éclairait l'austère paysage au sein duquel nous avancions. A neuf heures et demie nous entrions dans Condat et allions, un peu au hasard, prendre gîte dans une auberge de cette petite ville; comme nous l'apprîmes à nos dépens, ce n'était pas la meilleure de la localité.

SEPTIEME JOURNEE.

Riom-ès-Montagnes, 2 septembre 1870.

Mon cher ami,

Ce matin, pendant que mon compagnon dormait encore, j'ai quitté furtivement la chambre où nous couchions, pour aller faire un tour dehors et prendre connaissance des abords de Condat. Rien n'est plus charmant que le bassin au fond duquel s'élève cette ville ; c'est un vaste entonnoir, entouré de montagnes de l'aspect le plus varié, le plus riche et le plus gai, qui n'exclut pourtant pas un air de grandeur particulier à la plupart des paysages de l'Auvergne. Dans ce bassin viennent confluer plusieurs cours d'eau : 1° au nord, la Clamouse ou Rue d'Église-Neuve, que nous avons côtoyée hier toute la journée ; 2° à l'est, le Boujan, dont je vous ai signalé, l'an passé, la belle cascade, au Saillant, près Marcenat ; 3° au sud, l'Eau Verte ou la Santoire, qui prend naissance au Puy-Mary. Ces trois rivières forment par leur réunion la Rue proprement dite, que grossissent encore un peu plus loin la Rue de Cheylade et la Véronne. Quand le soleil du matin verse sa lumière dans cette enceinte, dorant les bois et les prairies étagés sur ses flancs, je vous assure que c'est un beau coup d'œil. Condat doit à sa situation au fond de cet entonnoir une douce température, même en hiver, et les fruits à noyaux peuvent y mûrir. J'ai vu dans le jardin de l'auberge un prunier chargé de fruits, qu'on demanderait vainement aux plateaux environnants. Par la même raison, les insectes nuisibles y pullulent, et j'ai dû commencer hier soir par leur donner la chasse pour avoir le droit de reposer en paix le reste de la nuit.

Je profitai de la liberté que me donnait l'absence de Dumartin pour chercher des minéraux. A l'extrémité du village j'en trouvai d'intéressants sur un emplacement qui doit servir de foral, et qui n'est que le sommet d'un gros mamelon rocheux. C'est là bien certainement un cône de soulèvement, un de ces trépans dont la nature s'est servie pour creuser le bassin de Condat ; dans le voisinage on en voit d'autres qui ont concouru au même résultat ; toutes ces pointes attaquant le sol de sa profondeur vers sa surface, l'ont soulevé, renversé, trituré, pendant que l'eau du ciel, agissant de son côté, achevait de creuser l'entonnoir en entraînant tous ces débris. « Vous êtes bien affirmatif, Monsieur le Géologue, me direz-vous ; il semblerait vraiment, à vous entendre exposer vos théories, que le fait se soit passé sous vos yeux. » Assurément je n'étais pas là quand la nature s'est plu à creuser le bassin de Condat, mais les données de la géologie et l'induction scientifique sont, en pareille matière, des guides si sûrs qu'aucun homme tant soit peu géologue ne doutera que le mécanisme suivant lequel s'est produit cet évidement du sol ne soit bien celui que je vous indique.

A huit heures je rentrais de ma promenade et me remettais au lit jusqu'à onze heures. C'est une habitude que j'ai prise dans mes voyages, et une mesure d'hygiène que je vous recommande ; vous ne sauriez croire comme je m'en trouve bien. Le matin, à votre premier réveil, vous êtes généralement brisé par les fatigues de la veille, et s'il vous fallait partir à cette heure vous n'iriez sûrement pas loin ; mais sortez pendant quelques instants, et faites au retour un nouveau somme, vous êtes, cette fois, reposé, plein de vigueur, et supportez sans peine les sept ou huit heures de marche de la soirée.

A midi et demi nous avions déjeuné et nous nous disposions à partir, quand se produisit un incident qui ne me fait peut-être pas autrement d'honneur, mais que néanmoins je ne veux pas vous laisser ignorer. Notre compte réglé, le cabaretier qui nous avait logés nous présenta un vieux registre poudreux, en nous priant d'y inscrire nos noms et nos qualités. Cette demande me surprit, c'était la première fois qu'on me l'adressait ; la formalité du passeport à l'intérieur est abolie, et je n'admettais pas qu'on le fît revivre sous une autre forme ; d'un autre côté la dernière inscription couchée sur ce vieux cahier datait de 1809 et il me paraissait tout à fait improbable que depuis dix ans l'auberge n'eût reçu aucun voyageur. Ces deux circonstances me prouvaient jusqu'à l'évidence qu'en réclamant notre signature notre homme n'avait qu'un but, satisfaire sa curiosité et savoir qui nous étions sans avoir à nous le demander. En conséquence je me récriai et refusai de signer ; mais l'hôte tint bon, allégua les conséquences déplorables que mon refus allait avoir pour lui : procès-verbal, poursuites, une grosse amende, sa maison fermée, etc.; il finit par m'attendrir. Pour ne pas prolonger la discussion je cédai, et prenant le registre j'écrivis avec le plus grand sérieux : *Le citoyen Flageolet, marchand de légumes à Paris, et son fils* (Dumartin passait partout pour mon fils, pour simplifier les choses). Le renseignement n'était pas de tous points exact, cependant je ne mentais pas absolument en me disant marchand de légumes, puisque c'est mon ancienne profession ; comme je vous l'ai dit l'an passé, à une époque de ma vie j'ai vendu des flageolets, beaucoup de flageolets, dans une estimable maison de Paris. Depuis lors des doutes se sont élevés dans mon esprit sur la légalité de ma conduite dans cette circonstance, et je me suis dit qu'en agissant comme je l'ai fait, je me suis peut-être mis en révolte contre les lois de mon pays. Tant pis si je me suis trompé, le mal est fait et je ne retournerai pas à Condat pour rectifier les indications inexactes que j'ai fournies à la police de cette ville.

Nous partîmes ensuite sous la conduite d'un guide que le cabaretier nous avait trouvé, pour aller visiter, à trois kilomètres de Condat, la Roche-Pointue, étonnant dike qui surgit du ravin même où coule la Santoire. A peine entré dans le lit, en ce moment presque à sec, de cette rivière, je fus émerveillé de la prodigieuse variété des roches que le torrent avait accumulées en cet endroit. Toutes les espèces minérales échelonnées le long de son cours s'y trouvaient représentées : granites et syénites de toutes nuances, vingt sortes de gneiss, pegmatites superbes, leptynites et diorites variés, etc... étaient réunis là comme à plaisir pour exciter les convoitises d'un collectionneur de minéraux. Je ne résistai pas à la tentation, et laissant pendant quelques instants la Roche-Pointue, qui saurait bien nous attendre, j'attaquai avec fureur tous ces blocs pour en prendre des échantillons. Dumartin et notre guide, M. Papon, me regardaient faire. Celui-ci de temps en temps me pressait d'en finir, affirmant que la traite était longue, et qu'il nous fallait avancer vite si nous voulions arriver à Riom-ès-Montagnes avant la nuit ; je n'en continuai pas moins ma besogne. Je crois simplement que le rusé compère avait compris que tous ces cailloux allaient passer sur son dos (c'était vrai), et qu'il se souciait de n'en porter que le moins possible.

Je sais bien que je vous fatigue, mon cher confrère, à force de vous parler minéraux, et vous souhaiteriez me voir offrir à votre curiosité un aliment un peu moins... coriace. Je vous en demande mille fois pardon, mais il m'est impossible de faire autrement, et votre indulgente amitié devra supporter encore plus d'une confidence de cette nature. C'est que « la bouche, dit Saint-Mathieu, parle de l'abondance

du cœur », et pour l'instant j'ai le cœur rempli de cailloux, je veux
dire de la pensée et de la passion des cailloux. Songez aussi qu'ici je
me trouve dans la terre promise de la minéralogie, et que, sous peine
de perdre une grande partie de l'intérêt de mon voyage, je ne puis
négliger les questions géologiques qui se rattachent à ce pays, et passer à côté des nombreuses roches cristallines qui sollicitent mon attention sans en prendre un morceau pour la collection que je forme
en ce moment. C'est du reste le phénomène mental le plus singulier
que cette manie du chercheur de minéraux; je l'observe chaque jour
sur moi-même et suis le premier à en rire. Vous êtes arrêté devant
un tas de pavés, vous en détachez quelques fragments et les comparez avec soin ; vous trouvez bientôt mille raisons pour juger tel morceau différent du morceau voisin, et alors vous voilà ramassant le
tout avidement, et entassant dans vos armoires une masse d'objets
indigestes, qui restent là à encombrer votre maison jusqu'au jour où
vos héritiers, devenus possesseurs de la chose, s'empressent de resti-
tuer aux routes voisines les cailloux que vous leur avez volés. Et j'i-
magine qu'il doit en être de même des autres objets, armures, tableaux, médailles, vieilles assiettes, etc., sur lesquels s'exerce la passion des collectionneurs. Du moins les cailloux ont ceci de bon qu'ils
coûtent peu, surtout quand on les vole ; mais non, je me trompe, c'est
acquis de cette façon qu'ils sont le plus chers; par les frais du voyage,
tel échantillon minéralogique vous revient à six francs quand vous
l'allez chercher vous-même; vous l'auriez payé six sous chez un
marchand.

Après une demi-heure de travail, je me trouvais satisfait de ma récolte, et consentis à suivre mes compagnons. Ce n'est pourtant pas
sans regrets que j'abandonnais cette riche mine, que j'aurais bien
fouillée pendant une heure encore, si je l'avais osé; mais il fallait se
faire une raison. A cent mètres de nous se dressait la Roche-Pointue,
et nous en approchâmes. C'est curieux plutôt que beau, mais c'est fort
curieux. M. Joanne m'apprend que ce rocher a cent trente mètres de
hauteur (presque autant que la flèche de la cathédrale de Strasbourg),
et je le crois. Il a d'ailleurs une singulière analogie de forme avec les
clochers de nos vieux édifices religieux; on y voit, en effet, un prisme
quadrilatère, haut d'une centaine de mètres, figurant la tour du clo-
cher, et surmonté d'une portion effilée qui en serait la flèche. D'un
côté cette tour naturelle est engagée jusqu'à mi-hauteur dans le flanc
de la montagne, mais du côté de la rivière elle est libre dans toute sa

hauteur, et vraiment effrayante d'élévation sur cette face. Mon guide
me dit que cette curiosité de l'Auvergne et le grand bois qui l'entoure
sont la propriété de notre honorable confrère, M. Baraduc, le spécialiste connu par ses travaux scientifiques et par ses succès dans le trai-
tement des maladies de la moelle épinière ; je l'en félicite. Si les accouchements voulaient me mettre à même de posséder, moi aussi, une
Roche-Pointue en Auvergne, franchement j'en serais bien aise. Je
craindrais cependant que ma roche ne me donnât des distractions et
ne m'enlevât trop souvent à mes devoirs professionnels ; c'est là que
serait pour moi le danger, et pour ce motif je n'irai pas faire à
M. Baraduc de propositions d'achat. Comme je me trouvais là sur le
bien d'un confrère, je me sentais un peu chez moi près de cette roche,
et, ma foi, j'en cassai sans permission un morceau, qui figurera
dans mes tiroirs ; j'en serai quitte pour le rendre à notre savant confrère, s'il me le réclame.

Notre visite terminée, notre guide opinait avec insistance pour
nous ramener sur la route, et nous conduire à Riom-ès-Montagnes
par Saint-Amandin et Sapchat, mais je ne l'entendis pas ainsi ; c'é-
tait beaucoup moins fatigant, je le comprends, nous n'avions qu'à
descendre ; mais il nous fallait recommencer une étape dans une vallée profonde, sans autre vue que de magnifiques côteaux boisés comme
ceux de la veille, et pour l'instant j'étais rassasié des parcs anglais.
Nous n'avions pas besoin de lui d'ailleurs pour nous guider sur une
grande route. Je lui signifiai donc qu'il eût à nous mener à Riom
par les plateaux ou à retourner chez lui, à son choix. Quand il vit que
je le prenais sur ce ton, il cessa toute résistance, et prit dans la montagne le sentier qui s'élève vers Laguérie. Ce ne fut pas sans une rude
fatigue que nous atteignîmes ce hameau, situé à 200 mètres au-dessus de la vallée, mais avec du temps et des efforts nous y arrivâmes
et allâmes de suite nous rafraîchir chez un habitant qui vend du vin.
Quel vin, mon Dieu ! *bonum vinum* ; il fallut pourtant nous en contenter.
A trois heures nous cheminions de nouveau sur les plateaux qui nous
séparaient de Chassany. Ces plateaux sont nus comme la main, tristes
et mélancoliques à faire pleurer ; cependant je m'applaudissais d'avoir
pris cette traverse. Là du moins on n'étouffe pas comme au fond d'un
ravin, on respire à l'aise ; et puis quelle vue on a de cette plaine élevée, qui vous fait embrasser un immense horizon : au nord, le relief
imposant des Monts-Dore, aujourd'hui dégagés de tout nuage et parfaitement distincts ; au sud, le large profil du Cantal, tout aussi ap-

parent et encore plus beau. Certes cette vue est fortifiante, elle ra-
nime le courage, et il n'est pas à craindre qu'en avançant vers ces
montagnes superbes les jambes vous refusent le service et vous lais-
sent en route.

Chemin faisant, M. Papon nous signala trois beaux domaines appartenant à trois frères, pauvres enfants du pays, qui, tous trois,
sont allés faire fortune à l'étranger. L'un d'entre eux s'établit en
Egypte, et obtint des fonctions lucratives dans l'administration de ce
pays ; un second s'enrichit à Constantinople, le troisième à Smyrne,
et tous trois possèdent aujourd'hui de grands biens en Auvergne.
Qu'en dites-vous, mon cher ami, est-ce assez bizarre, cette destinée,
assez en dehors des habitudes françaises? Mais alors l'histoire du citoyen de Marcenat, devenu grand maître de la justice au Caire, dont je
vous parlais l'an passé, pourrait donc être vraie? Je l'avais prise
pour un roman, je l'avoue. Des hommes, ces Auvergnats! Bien différents en cela du reste des Français, ils ne se montrent pas invinci-
blement attachés à la terre natale. Comme l'Anglais et l'Allemand,
ils ne craignent pas d'aller chercher au loin une aisance que la patrie
leur refuse ; je les admire sincèrement. Vous me direz qu'ils n'ont pas
à cela grand mérite, et que la pauvreté les force à s'expatrier, d'ac-
cord ; ce n'en sont pas moins des hommes, et je salue en eux la partie la plus virile et la plus vivace de la nation. Je voudrais que, dans
le reste de la France, on les imitât. Si les hommes de notre pays re-
cevaient une éducation moins molle; si de bonne heure on les habituait
à l'idée qu'ils doivent aller chercher fortune hors de chez eux, on
n'en verrait pas un si grand nombre végéter tristement avec une
place de 1,500 francs; comme autrefois nos colonies deviendraient
prospères, et le prestige de la France en serait accru. Qui sait même si
l'assurance de trouver au loin un établissement avantageux pour nos
enfants, diminuant les embarras du père de famille, on ne verrait
pas la fécondité rétablie dans les ménages français, et une recrudes-
cence se produire dans le mouvement d'une sève trop lente qui semble
près de s'épuiser dans notre race? Thèse d'accoucheur, me direz-vous ;
c'est possible, je n'en soutiens pas moins que cette thèse est la bonne.

A cinq heures nous descendions le flanc du plateau, nous dirigeant
vers le hameau de Chassany, alors en vue à 150 mètres au-dessous
de nous; mais avant d'abandonner le tertre élevé où nous étions, je
tins à repaître longuement mes yeux du site admirable qui s'offrait à moi; c'était magique. Le Cantal, dans toute sa majesté, se dé-

veloppait devant nous, et le regard, prenant d'enfilade la belle vallée
de la Rue de Cheylade, allait heurter les pentes du Puy-Mary, qui
ferment au sud ce magnifique couloir. Sur la gauche, le ravin de Mar-
chastel et son torrent laissaient voir leur cours sinueux jusqu'à une
longue distance. C'était moins gracieux que le bassin de Condat, mais
bien autrement grand ce tableau, et je ne pouvais m'en détacher; il
fallut pourtant le quitter; M. Papon avait soif, et nous fit entrer dans
un cabaret de Chassany, à lui connu, où nous trouverions, disait-il,
d'excellent vin. La vérité est qu'il était un peu moins mauvais que
celui de Laguérie, *bonum vinum*, sans être encore des meilleurs crus de
la Limagne; mais quand on vient de faire à pied 12 kilomètres et
une escalade de 300 mètres sous une rude chaleur, on ne se montre pas
difficile. Notre temps d'arrêt à Chassany fut court; il nous restait
8 kilomètres à faire pour atteindre Riom, et des kilomètres de montagnes, bien autrement longs et pénibles que ceux de la plaine. Nous
devions, en effet, descendre dans la vallée de la Rue, remonter son
versant de gauche, et traverser un haut plateau avant de pénétrer
dans la vallée de la Véronne, où s'élève Riom-ès-Montagnes. Sans l'aide
de M. Papon, qui connaissait les sentiers, je ne sais pas comment Dumartin et moi nous en serions tirés, ni à quelle heure nous serions
arrivés à la ville. Nous en foulions les rues à sept heures du soir, à
l'entrée de la nuit.

Comme nous devons le succès de cette journée à notre guide, je
vous demande la permission de vous le présenter, mon cher confrère.
Par son physique il justifie son nom aussi peu que possible. Au lieu
d'être, comme vous, un *papon*, c'est-à-dire un homme petit et gros,
c'est un grand maigre, à moustache rousse et un peu grêlé, le por-
trait frappant de Braguet, ce voltigeur légendaire que son « sarrgent »
fait conduire « au bloc » avec un étranger, et maintient au cachot
« jusque za quand qu'ils se soient *reconnus*. » De même que Braguet
aussi, M. Papon a été soldat; il est fort intelligent et bon marcheur;
bref, c'est un guide comme il m'en faut dans mes voyages. Pour intéresser la dernière partie de notre traite, il crut devoir m'initier à sa
condition présente, qui reflète celle d'un grand nombre de ses compatriotes. M. Papon est aujourd'hui colporteur, et pendant l'hiver s'en
va vendre des étoffes en France et à l'étranger. Cette industrie du col-
portage fait vivre un grand nombre de familles dans le Cantal, et là
elle a reçu une organisation sérieuse que peut-être vous aimerez à connaître. A l'automne, un bailleur de fonds achète une voiture de draps ou

d'autres tissus, et embauche une demi-douzaine de colporteurs, qui ont pour mission de placer la marchandise. En novembre tout ce monde part et va parcourir les départements du Nord ou du Midi, l'Espagne et jusqu'à l'Autriche. Chaque soir la voiture avance de 15 à 20 kilomètres; dès le matin les hommes chargent leur dos d'un ballot d'étoffes, qui pèse souvent jusqu'à 100 livres au départ, et se répandent dans les campagnes, y plaçant leur drap ou leurs mouchoirs avec le plus de bénéfice possible. Ce bénéfice leur est en grande partie acquis et forme leur gain personnel, le capitaliste prélevant pour le sien un intérêt de 7 à 8 pour 100 du capital engagé dans l'entreprise. Depuis sa libération du service militaire, c'est-à-dire depuis dix-huit ans, M. Papon n'a pas fait vivre autrement sa nombreuse famille. Sa campagne d'hiver (huit mois d'absence) lui rapporte à peu près 800 francs; il gagne la moitié de cette somme en travaux divers pendant l'été à Condat, et avec ce revenu la maison marche, et les enfants s'élèvent. Mais quelle rude existence, mon cher confrère, et qu'il faut avoir le cœur ferme et les reins solides pour s'y soumettre! Des hommes, ces Auvergnats! Allez donc proposer à un de nos paysans du centre de partir pour l'Espagne ou pour l'Autriche pendant huit mois d'hiver, avec cent livres de bonnets de coton sur le dos? Vous verrez la grimace qu'il vous fera.

A huit heures du soir, M. Papon, ayant convenablement dîné, reprenait de son pied la route de Condat, ajoutant 22 kilomètres de nuit à ceux que nous venons de parcourir ensemble. Demain, dès cinq heures du matin, il sera à sa besogne comme après une nuit de repos complète : des hommes, ces Auvergnats!

HUITIÈME JOURNÉE

Mauriac, 3 septembre 1879.

Mon cher confrère,

Nous voici, depuis une heure, arrivés dans cette sous-préfecture du département du Cantal, après une journée qui n'a pas été sans fatigues, et après avoir passé à Riom-ès-Montagnes une nuit plus laborieuse encore ; une de ces nuits dont il est impossible de perdre le souvenir ; quelle nuit, bon Dieu ! L'irritation qu'elle m'a causée n'est pas encore calmée. La propreté n'est pas la qualité dominante des Auvergnats ; leurs maisons sont mal tenues, sales et hantées par des légions de bêtes malfaisantes. Les auberges enchérissent encore sous ce rapport sur les maisons particulières, mais celle où nous avons couché la nuit dernière dépasse tout ce qu'on peut imaginer de pire en fait de saleté et de multiplication des insectes mordants. Pour mon malheur elle était remplie de monde, et l'aubergiste n'ayant plus de chambre de voyageurs à m'offrir eut la fatale idée de m'installer dans le taudis occupé d'ordinaire par sa mère. Naturellement la bonne vieille, en me cédant son lit, me cédait du même coup les puces qui l'habitaient, lesquelles n'eurent rien de plus pressé à faire que de venir prendre sur moi leur repas du soir ; la propriétaire du lieu les y avait accoutumées, mais je n'étais pas d'aussi bonne composition. Une de ces dames s'étant laissée aller à me mordre un peu trop fort, fut prise et tuée sans miséricorde. Il en vint bientôt une autre, puis deux, puis trois, puis dix ; toutes les cinq minutes nouvelle piqûre, nouvelle quête, nouvelle capture ; je ne faisais qu'éteindre et rallumer ma chandelle, si bien qu'à minuit, ayant épuisé allumettes et bougie, j'allai sans vergogne réveiller l'aubergiste pour renouveler mes munitions et continuer ma chasse. A une heure du matin je comptais vingt-deux pièces ! Quelle riche ouverture, impuissante pourtant à me consoler de la perte des belles ouvertures de perdreau que j'avais le bonheur de faire en Beauce, il y a quelques années, et que des occupations croissantes m'interdisent aujourd'hui. Cependant le gibier devenait plus rare ; à deux heures du matin (notez que j'avais ouvert la chasse à neuf heures du soir) j'avais sans doute tué la dernière puce, et commençai à m'endormir d'un bon sommeil, qui dura jusqu'à six heures. Vous pensez peut-être que la vieille hôtesse me saura gré d'avoir purgé son lit de la vermine qui s'y trouvait ? N'en croyez rien ; je parie, moi, qu'elle aura regretté le noir troupeau qui venait chaque nuit chercher pâture sur sa personne. C'est une sensation qui va lui manquer, elle y était faite, et il est toujours désagréable en ce monde de changer de vieilles habitudes; à son âge c'est même un danger. Pourtant la privation sera courte; étant donné le nombre de gens et de chiens qui pénètrent chaque jour dans son auberge, elle aura bien vite reformé son contingent; mais si l'on me reprend jamais à coucher dans son lit, je veux bien être pendu.

Hier soir, pendant le dîner, j'avais entendu vanter beaucoup par quelques-uns des convives la beauté de la forêt d'Argère, forêt de sapins séculaires, située à quelque distance de Riom, et il n'en fallut pas davantage pour me décider à l'aller voir. Vous le savez, je ne résiste pas à l'attrait des beautés naturelles, c'est même pour elles seules que je suis ici. Ce matin, dès sept heures, je me faisais indiquer le chemin qui conduit à la forêt, et je partais. J'en avais, me dit-on, pour une petite heure (ici les distances se mesurent par heures de marche et non par kilomètres); mais après avoir marché pendant deux heures, j'en étais encore loin. C'est la règle, quand on vous annonce une heure, comptez sur deux ou sur trois. Mûs peut-être par un sentiment d'obligeance, et pour ne pas vous décourager, les Auvergnats diminuent toujours de moitié la durée d'un trajet. Peut-être aussi qu'allant beaucoup à cheval les heures dont ils parlent sont des heures de cheval; mais alors il serait bon de le dire. Je conviens du reste qu'en route je perdis du temps à casser des pierres; la nature et les habitants en avaient rassemblé beaucoup et de très belles le long du chemin, et je ne pus m'empêcher d'en recueillir des fragments, entre autres ceux d'un gneiss dont les strates de feldspath rouge et de mica noir sont d'un effet superbe. Mais ma trouvaille capitale de la journée fut un bloc d'hypersthène enchâssé dans un mur en pierres sèches, qui formait la clôture d'un jardin à l'entrée du hameau de Journiac. Mes regards furent attirés de loin par la teinte sombre de cette belle roche, d'un noir de jais, et m'en étant approché, je la reconnus aussitôt. A cette vue je perdis la tête, et saisissant mon maillet, je fis voler ce bloc en éclats, au risque de jeter à terre le mur tout entier. Heureusement le propriétaire était loin, car si, attiré par le bruit de mon marteau, il se fût transporté de mon côté, je ne doute pas qu'il ne m'eût fait un mauvais parti. Je réunis mes richesses à la hâte et m'enfuis; mais, tout en ramassant le corps de mon délit, je ne pouvais m'empêcher de songer à quels excès peut nous entraîner une passion violente, et quelles actions coupables elle nous fait commettre. Je crois être aussi honnête que qui que ce soit, je châtierais sur l'heure l'insolent qui oserait avancer le contraire, et cependant je me surprenais à démolir la muraille d'un pauvre homme qui ne m'a jamais fait de mal, et cela uniquement parce que le hasard avait placé sous la main d'un maçon un morceau d'une roche rare qui manquait à ma collection. « O fragilité humaine, me disais-je, soyons donc fiers de notre probité, de notre vertu, de notre courage; ces belles qualités nous abandonnent à la première occasion séduisante, ne nous laissant bientôt que la honte de notre triste chute ! »

D'après ce qui venait de se passer, il est clair que, pendant un moment, la passion des pierres m'avait emporté; mais l'instant d'après elle produisait un effet inverse, car mes morceaux d'hypersthène complétaient mon deuxième kilogramme de cailloux, et les jambes ne sont pas sans se ressentir d'un pareil poids. On vous l'a dit, les turfistes ont reconnu qu'un kilogramme ajouté à la charge d'un cheval de course diminue sensiblement sa vitesse, et lui fait perdre trente-deux mètres par kilomètre parcouru. S'il en est ainsi pour « la plus noble conquête que l'homme ait jamais faite », comme s'exprime Buffon en parlant du cheval, combien plus deux kilogrammes devaient-ils me ralentir, moi, qui n'ai pas les muscles robustes de ladite «conquête»; aussi j'avançais lentement. J'eus pourtant la force de me traîner jusqu'à la forêt, d'y faire un demi-kilomètre, et d'admirer les magnifiques arbres qui s'y pressent. C'est grand, vigoureux, fourré de branches et de feuilles, cette forêt; c'est beau à ravir. Il y a là de vieux compères de quatre mètres de circonférence et de quarante mètres de hauteur, des doyens comme on n'en voit que dans les montagnes, car là seulement ils trouvent le milieu qui leur convient. Plantez ces arbres en plaine dans le meilleur sol, mon cher confrère; arrivés à l'âge d'un ou deux siècles, comme ceux d'Argère, ils n'atteindront pas la moitié de leurs dimensions. C'est que, dans les plaines, l'air est trop sec et ne fournit pas au sapin, qui vit beaucoup par ses feuilles, une humidité suffisante. Vous dirai-je qu'il y a quelques années cette magnifique forêt restait inexploitée, faute de chemins; les arbres y pourrissaient sur place, comme aujourd'hui ceux du Falgoux. L'État en tire maintenant parti, et certaines adjudications trouvent facilement preneur à quarante mille francs. La forêt d'Argère peut avoir de cinq à six kilomètres de longueur, et couvre les deux pentes de la vallée de la Rue, qui n'ont pas moins de cent cinquante à deux cents mètres d'élévation. Vous représentez-vous l'effet grandiose d'un double rideau de ces arbres, s'étageant à droite et à gauche de la rivière sur une pareille hauteur et pendant plusieurs kilomètres ? Vous préféreriez peut-être une cathédrale à cette forêt ? Moi, je place la forêt d'Argère au-dessus de cent cathédrales ; chacun son goût.

Mon but était atteint, je n'avais plus qu'à rentrer à Riom. Grâce à la pente du terrain et à ce que, chemin faisant, je fermai les yeux sur les roches voisines de la route, j'étais de retour à la ville à midi, juste à l'heure du déjeuner. J'y fis honneur, puis j'allai compléter ma nuit, fort écourtée par les causes que vous savez. A quatre heures on vint m'éveiller ; il n'était que temps, la voiture de Mauriac allait partir sans moi. J'y sautai, et l'instant d'après Dumartin et moi roulions sur la route de Trizac. Deux voyageurs occupaient le reste de notre compartiment ; l'un d'eux, jeune homme de bonne mine, portait une casquette galonnée, sur le devant de laquelle se trouvaient figurés un maillet et une pioche de mineur ; c'était significatif : je reconnus de suite un confrère en géologie, et me promis bien de profiter de la rencontre. Lui de son côté, remarquant le marteau engagé dans ma ceinture, s'était rendu compte du but de mon voyage, et prévoyant une prochaine discussion géologique, s'était mis aussi à aiguiser sa langue. Nous ne tardâmes pas à entrer en pourparlers, et j'appris que mon jeune voisin était un élève de l'École des Mineurs de Saint-Etienne, et qu'il se rendait en vacances dans sa famille. Je ne lui cachai pas ma profession, mon goût prononcé pour les minéraux, et à l'appui de mon assertion, soumis à sa compétence une boîte d'échantillons sur lesquels je désirais avoir son avis. Une fois l'entretien commencé, nous en décousumes ferme ; tous les problèmes de géologie que soulève le Cantal furent abordés, sinon résolus, par nous, et pendant deux heures nous ne cessâmes de parler *soulèvements, affaissements, phonolite, basalte, cristallographie, métamorphisme*, etc., au grand ébahissement du quatrième voyageur, marchand de parapluies de la rue de Rivoli, originaire d'Auvergne, qui ne supposait guère jusque-là que ses montagnes pussent défrayer pendant des heures entières la conversation de deux honnêtes personnes.

Comme bien vous pensez, mon cher confrère, tout en cherchant à faire preuve de savoir devant le jeune mineur de Saint-Etienne, je mettais pourtant une certaine réserve dans mes discours. Pour l'instant il ne s'agissait plus d'une causerie sans conséquence avec mon pauvre Dumartin. Avec lui j'avais beau jeu et pouvais débiter impunément les erreurs les plus choquantes; c'était sans danger pour moi et aussi pour lui, presque jamais il n'écoutait. Mais ici je me sentais en face d'un maître, et j'avais à m'observer. En me tenant dans des généralités prudentes je ne me tirai pas trop mal d'affaire, et même il faut croire que je n'avançai que peu de sottises, car mon interlocuteur parut prendre plaisir à ma conversation. Je lui fis quelques questions sur son école, et j'appris sur ce sujet certains faits qui me frappèrent beaucoup et que je tiens à vous communiquer.

L'*Ecole des Mineurs de Saint-Etienne* forme des ingénieurs qui, pour la plupart, trouvent à se caser dans les divers établissements du bassin houiller dont cette ville est le centre. Elle est peu connue, cependant son organisation mérite de fixer l'attention et pourrait servir de modèle à des établissements scolaires plus importants. Le concours d'admission exige déjà des connaissances étendues, et pas mal de candidats restent à la porte. Mais s'il est difficile d'entrer à l'Ecole des Mineurs, il est encore plus difficile d'en sortir, je veux dire d'en sortir avec honneur et pourvu de son titre d'ingénieur, tant les épreuves de sortie sont rigoureuses. L'an passé, sur trente-quatre élèves appelés à subir l'examen définitif, vingt-quatre seulement obtinrent leur diplôme, le reste dut chercher une autre carrière : c'est presque le tiers de refusés. Entendez-vous, mon cher confrère, un tiers de fruits-secs, et il s'agit de l'extraction du charbon de terre! Quel exemple pour notre Ecole de médecine, où il est presque inouï qu'un candidat soit définitivement écarté pour cause d'incapacité et d'ignorance! On y refusera bien une fois, deux fois, trois fois, un élève inintelligent et paresseux; mais de guerre lasse et par compassion pour les familles, qui souvent se sont imposé pour leur fils un lourd sacrifice, on recevra la quatrième fois ce mauvais élève. Vous et moi avons eu trop souvent à nous reprocher cet excès d'indulgence. Je sais bien que le jury a la conscience en repos, il a donné chaque fois la plus faible note; le candidat n'en est pas moins reçu et s'en moque; autant qu'un autre il a le droit de soigner ses semblables et peut-être d'exposer leur vie. « Messieurs les examinateurs, faites attention : ce candidat est un mineur, soyez sévères; celui-ci est un médecin, soyez coulants. » Quelle inconcevable anomalie! La vie est-elle donc un bien moins précieux qu'une mine de charbon, et la société a-t-elle moins besoin de bons médecins que de bons mineurs? Mais, au fait, j'y pense, la vie n'est pas un bien si précieux pour beaucoup d'hommes, qui l'exposent si légèrement; pour certains d'entre eux elle ne vaut pas vingt-cinq mille livres de rente, puisqu'ils ne résistent pas à la perte de cette fortune. N'avez-vous pas lu cent fois dans les journaux ce lamentable fait divers: « Hier M. X... s'est tiré un coup de pistolet dans la tête après avoir perdu cinq cent mille francs à la Bourse. » Rien n'est plus commun que cette nouvelle. Ainsi voilà qui est clair: X... a perdu cinq cent mille francs en jouant à la Bourse (singulier jeu), et de désespoir s'est fait sauter la cervelle. A sa place un habitant de la lune aurait mis son honneur à vivre pour réparer son désastre et être utile aux siens, mais X... est un homme et il le prouve en s'ôtant la vie, laissant se tirer d'affaire comme ils le pourront femme et enfants, qu'il a ruinés. Est-il rien de plus triste qu'un tel acte de folie! Certes, mon savant maître G... doit avoir raison quand il affirme que la terre n'est qu'un hôpital destiné à loger les cerveaux fêlés des autres planètes; nous lui devons cet aperçu lumineux, qui donne la clé des étranges phénomènes psychiques dont la race humaine nous rend journellement témoins. Et voilà pourquoi des ingénieurs instruits sont indispensables à l'humanité, tandis que des médecins médiocres peuvent lui suffire!

L'intérêt de notre entretien géologique ne me faisait pas négliger les sites admirables que la route plaçait à chaque instant sous nos yeux. De Riom-ès-Montagnes à Mauriac c'est une succession continuelle de hauts plateaux et de profondes vallées; le chemin court perpendiculairement aux unes et aux autres pendant 35 kilomètres. On traverse d'abord les vallons du Cheylat, de la Sumène et du Violoux; puis, avant d'arriver à Trizac, on s'élève sur une terrasse prodigieusement haute, d'où l'on contemple un des plus splendides paysages de toute l'Auvergne. C'est d'abord, sur la droite, le riant bassin qui renferme Menet et son joli lac; ensuite en face de soi et dans la direction de l'ouest, une immense étendue comprenant une partie du Limousin, la Corrèze et une portion du Lot. Ce sont vingt lieues de pays de l'est à l'ouest, et une quarantaine du nord au sud qui apparaissent tout à coup aux yeux éblouis du voyageur. Pourquoi me manquait-il à ce moment une bonne lunette d'approche, un mentor instruit pour me désigner les divers points de vue et le loisir nécessaire pour jouir pleinement de ce magnifique panorama. A pied, j'aurais eu tout le temps voulu pour m'abîmer dans cette contemplation, mais j'avais voulu aller vite, et j'en étais puni par l'obligation de ne faire qu'entrevoir un objet aussi attachant. Que ce soit un enseignement pour tous ceux qui voyagent dans les montagnes : ne prendre le chemin de fer ou la voiture que lorsqu'il est impossible de faire autrement.

A Trizac, on descend brusquement dans la vallée du Marlhioux, plus profonde et plus large que les précédentes, et l'on rencontre ensuite celle du Mars ou de Saint-Vincent, plus belle encore et peut-être la première du Cantal par la variété et par la beauté des sites. Je vous en ai parlé l'an passé, mon cher confrère, c'est la vallée du Falgoux, qui naît des pentes du Puy-Mary et qui renferme cette forêt vierge dont l'abandon m'avait si fort surpris. Je retrouvai là cette vallée fort belle encore, bien boisée, mais cependant moins large qu'à sa naissance. Entre les deux vallées du Mars et du Marlhioux nous avions escaladé un autre plateau, celui de Moussages, d'où la vue est à peu près la même qu'avant Trizac. Mais à cette heure la nuit arrivait, et c'est au sein d'une obscurité profonde que nous abordions Mauriac. Aujourd'hui, rien à vous dire de cette ville, si ce n'est qu'elle existe; ni l'abbé Gautier, ni Meissas, ni Cortambert ne nous ont trompés en l'affirmant.

NEUVIÈME JOURNÉE.

Rivière, par Saint-Chamant, 4 septembre 1879.

Notre dernière nuit a été courte, mon cher confrère, et dès quatre heures du matin nous roulions, mon jeune ami et moi, sur la route d'Aurillac. J'allais, à sept kilomètres de Mauriac, visiter la cascade de Salins, tandis que Dumartin, moins fervent cascadier que moi, poussait jusqu'à Aurillac et allait m'attendre dans ce chef-lieu du département du Cantal. Vers cinq heures, et lorsque le jour commençait à poindre, nous arrivions à l'Auze, qui forme la cascade. Celle-ci est située au milieu d'une vallée qui, étroite et riante jusque-là, se transforme brusquement, par un affreux déchirement du sol, en un ravin large et profond. Dans le point où s'effectue ce changement, un noir rocher surplombe de quarante mètres le ravin naissant. C'est du haut de ce rocher que l'Auze se précipite dans un réservoir qu'il s'est creusé, et avec tant de force que l'on passe sans se mouiller entre le rocher et la chute. J'ai trouvé celle-ci fort belle, et je comprends qu'elle soit plus belle encore au printemps, lorsque le volume des eaux est quadruplé par la fonte des neiges et par les pluies. Cependant elle n'a pas, à mon avis, sur les autres cascades de l'Auvergne, la supériorité qu'on lui attribue ; je la trouve même inférieure à plusieurs d'entre elles, comme je vous le dirai dans un instant. Ce qui, à Salins, m'a frappé plus encore que la cascade, c'est le site lui-même. Ce ravin, profond de cent cinquante mètres, sinueux, encombré de rochers énormes, boisé sur ses pentes, bifurqué à sa naissance, est d'un pittoresque achevé, surtout lorsque, pour le bien voir, on s'adosse à l'éperon qui sépare les deux branches de sa bifurcation. Quel sol tourmenté, crevassé, bouleversé, que l'Auvergne, mon cher confrère ! Nos départements du nord et du centre ne peuvent nous donner aucune idée d'un pareil état de choses.

La cascade de Salins est la dernière de celles que je verrai par ici. Je connais les autres ou du moins les principales d'entre elles, et voici, d'après moi, dans quel ordre il faut les classer au point de vue du mé-

rite : 1° cascade du Queureilh, au Mont-Dore : très belle, très distin-
guée ; site magnifique, mais peu d'eau à la fin de l'été ; 2° cascade du
Pont-d'Entraygues, près d'Eglise-Neuve : beaucoup d'eau en tout
temps, cadre ravissant ; il lui manque dix mètres de hauteur pour être
sans contredit la première de toute l'Auvergne ; 3° cascade de Luque,
dans la vallée de la Jordanne, près de Mandailles : un simple filet d'eau,
mais si coquet et si bien encadré que cette petite chute en prend de
l'importance ; 4° cascade du Boujan, au Saillant près Marcenat : très
haute, très fournie d'eau, très mouvementée : 5° cascade de Salins, la
plus élevée de toutes ; 6° cascade du Saut-de-la-Saule, sur la Rue, à
deux kilomètres de Bort : masse d'eau énorme, mais peu de hauteur ;
c'est un rapide plutôt qu'une cataracte.

Ma visite à celle de Salins dura une heure environ. Au bout de ce
temps je m'acheminai vers Mauriac, où je voulais être rentré
d'assez bonne heure pour expédier à Paris les minéraux recueillis les
jours précédents, et pour me reposer pendant une heure ou deux
avant mon départ pour Salers. Je repris donc la route qui m'avait
amené, perdant encore du temps à casser des pierres et à étudier les
coupes du terrain opérées par la route. Une de ces coupes attira mon
attention d'une façon toute particulière par la variété des objets qu'elle
offrait aux yeux, et aussi par la netteté des interprétations qu'il con-
venait de donner aux différentes assises de ce terrain ; un géologue de
ma force, c'est-à-dire plus que médiocre, ne pouvait même pas les
méconnaître. Voici en effet ce que laissait voir cette tranchée : tout en
bas et jusqu'à un mètre au-dessus de la route, des sables, des marnes
et des argiles bien stratifiées, et au-dessus de celles-ci un lit de porphyre rouge grossier. Sur ce porphyre reposait une roche grisâtre,
toute creusée de larges vacuoles, et de deux mètres de puissance.
Enfin, surmontant le tout, se voyait une nappe de basalte à colonnes,
épaisse d'environ dix mètres. Eh bien, je dis que la genèse de ces
formations diverses ne saurait être douteuse, et qu'un élève de première année à l'Ecole des Mineurs de Saint-Etienne l'aurait déchiffrée
sans la moindre hésitation. En cet endroit existait, en effet, à l'époque
tertiaire, un étang ou plutôt un lac : les sables, les marnes et les
glaises, c'est-à-dire les sédiments mis à nu par la tranchée, l'établissent
très positivement. Or, un jour, du basalte brûlant vomi par le Cantal
est arrivé dans ce lac, en a fait évaporer l'eau en se boursouflant lui-
même à son contact, comme le fait du plomb fondu qu'on projette
dans un seau d'eau ; telle est l'origine de la roche caverneuse, épaisse

de deux mètres, dont j'ai parlé. Puis de nouveaux flots de basalte sont venus recouvrir cette première couche, et ont formé à leur tour la nappe supérieure, dont rien n'a troublé la division régulière en prismes verticaux. Mais ce n'est pas tout : la lave incandescente, tout en s'éteignant au contact de l'eau, a conservé cependant assez de chaleur pour consolider les limons les plus superficiels du lac, pour les cuire à la façon des briques, et donner naissance à ce lit intermédiaire de porphyre argileux, qui, par conséquent, n'est qu'une roche accidentelle, secondaire ou *métamorphique*, comme nous le disons, *nous* autres géologues. Je vous le répète, mon cher ami, tout cela est facile, simple, clair, évident de toute évidence, certain de toute certitude, et vous même, qui n'avez pas autrement approfondi la matière, ne vous y seriez certainement pas trompé. J'ai vivement regretté dans ce moment de n'avoir pas Dumartin auprès de moi pour lui faire lire cette page instructive et lui administrer une bonne leçon de géologie ; mais, soyez tranquille, je saurai le repincer, et une autre fois il ne l'échappera pas. Pour son instruction, j'ai recueilli un échantillon de ces différentes strates, que je rangerai chez moi dans l'ordre de leur superposition naturelle. Vous pourrez vous-même les y voir, si la chose vous intéresse.

Et maintenant croyez-vous, mon cher confrère, que cette science qui nous fait lire avec facilité dans l'enveloppe solide du globe terrestre, qui nous fait pénétrer le mystère de sa formation et nous retrace si clairement l'histoire de son passé, ne soit pas une science pleine d'attraits, et qu'on soit bien coupable de délaisser pendant quelques jours, pour l'amour d'elle, la médecine et la tocologie elle-même? Moi, je n'y résiste pas, et tant que le ciel me laissera des jambes, je suis fermement résolu à aller chaque année « géologuer » quelque part, vous laissant d'ailleurs libre de faire autrement et de rester à Paris, si tel est votre bon plaisir.

A huit heures j'étais de retour à Mauriac. Je m'empressai d'emballer mes richesses et d'expédier le tout à Paris. Je déjeunai ensuite et allai faire un somme. A onze heures une voiture de louage contenant plusieurs personnes de Mauriac, entre autres M. le député de l'arrondissement, m'emmenait à Salers. Dans cette ville se tenait aujourd'hui, 4 septembre, un concours spécial des animaux de l'espèce bovine appartenant à la race de ce nom, et cette solennité agricole devait m'intéresser. Vous le savez, mon cher confrère, j'ai la prétention d'être un peu du métier..... par droit de naissance, étant le fils d'un agriculteur distingué, étant né dans une ferme, y ayant passé mon enfance et une partie de ma jeunesse au milieu des charrues et des troupeaux. J'avais aussi l'espoir de rencontrer à Salers une aimable famille du voisinage qui s'occupe d'agriculture et dont le nom ne pouvait manquer de figurer parmi les lauréats du concours, si ses troupeaux s'y trouvaient représentés. Le temps était superbe, et, couché mollement sur la bâche de la voiture, je pris sans fatigue connaissance du pays qui entoure Mauriac. Franchement il n'est pas beau ; c'est un plateau aride, nu et monotone : beaucoup de landes de bruyères, des pâturages de seconde qualité, quelques maigres cultures, voilà ce que j'ai vu de chaque côté de la route. Ce voyage serait donc assez triste si l'intérêt des yeux n'était constamment soutenu par la vue du Cantal, dont je reconnaissais trois des principaux sommets : le Puy-Violent, le Puy-Tourte et le Puy-Mary ; pour le quart d'heure, rien du Griou ni du Plomb, masqués par les montagnes du premier plan ; mais patience, mon cher confrère, nous irons les voir demain, et, soyez en sûr, nous les verrons bien.

A une heure précise la voiture s'arrêtait sur la place de la pittoresque ville de Salers, dont les tourelles et les clochetons, accumulés sur un étroit mamelon, rendent si bien la physionomie des villes aristocratiques et militaires du moyen-âge. A son approche j'avais vu défiler des bandes de beaux animaux qui me prouvaient que le concours serait nombreux et brillant. Beaucoup de monde dans Salers à notre arrivée. Comme la fête ne commençait qu'à deux heures, j'avais une heure à moi pour déjeuner, et j'en profitai. Je sortais du cabaret quand passèrent dans la rue des musiciens galonnés, qui se rendaient sur la place du bourg ; je les suivis et trouvai là tous les membres de la fanfare de Salers. On m'apprit que les autorités du département et de la ville, plusieurs députés, étaient réunis à la mairie et devaient se rendre en corps sur le champ de l'exposition. Bientôt en effet le cortège, le Préfet et le Maire en tête, s'avança suivi de la population. Je me joignis à la foule, mais par prudence restai à la queue, ne voulant pas, avec mon costume de voyageur, faire tache au milieu de ce monde endimanché. Sur un signe de M. le Maire, la fanfare entama un morceau, et naturellement c'était *la Marseillaise*. Je pris grand plaisir à l'entendre, c'était fort bien exécuté ; mais, tout en l'écoutant, je ne pouvais me défendre d'une réflexion critique sur l'abus regrettable qu'on fait aujourd'hui de cet hymne magnifique, et sur l'idée grotesque de conduire au son d'une marche essentiellement militaire une réunion d'hommes qui s'en va inspecter des troupeaux de bœufs; enfin c'était bien joué, et l'on voyait que la fanfare de Salers s'était livrée à de nombreuses répétitions de *la Marseillaise*.

Les opérations du jury commencèrent de suite. De mon côté j'allai donner un coup d'œil aux différents groupes d'animaux, et j'eus la satisfaction de voir plusieurs de mes appréciations confirmées par M. D..., que j'eus le plaisir de rencontrer sur le terrain et qui, lui, est un vrai connaisseur, je vous l'affirme. Je fus heureux de lui serrer la main, mais en même temps regrettai de ne pouvoir saluer sa femme, retenue chez elle par la présence d'une partie de sa famille ; c'est un plaisir que j'eus le soir même, grâce à l'obligeance de M. D..., qui voulut bien m'offrir l'hospitalité pour cette nuit.

Beaucoup de bêtes isolées et une quinzaine de bandes de vaches ou de génisses prirent part au concours. Ces dernières, au nombre de vingt par bande, se trouvaient attachées en lignes à des cordes tendues sur deux piquets, et en tête de chaque ligne figurait le petit mari de ces vingt bêtes. Je ne soupçonnais pas l'an passé à quel point celui-ci est jeune. Croiriez-vous que, dans les troupeaux de Salers, le reproducteur que l'on préfère est le reproducteur d'un an? Un taureau à la mamelle, pour ainsi dire; on prétend que c'est cet âge qui développe au plus haut degré les facultés laitières chez ses produits. Voyez-vous d'ici ce petit polisson dans sa montagne, occupé tout l'été à téter et à engendrer des veaux ? Quelle association bizarre de fonctions disparates !

Dans mes allées et venues au milieu de l'exhibition, j'eus l'occasion de faire une remarque que je veux vous transmettre pour qu'elle vous serve à l'occasion. On nous a dit et répété cent fois, n'est-ce pas, qu'il faut « prendre le taureau par les cornes »; n'en croyez rien, c'est une erreur; c'est par l'oreille qu'il faut le saisir pour le maîtriser. J'ai vu conduire de la sorte au milieu de la population et des autres animaux bon nombre de taureaux dont quelques-uns d'une belle force, sans qu'il se soit produit aucun accident. Empoigné solidement par l'oreille, l'animal marchait de l'air penaud d'un écolier que l'instituteur primaire conduit de la même manière dans le coin de la classe où doit s'accomplir sa pénitence; ainsi retenez ce précepte.

J'ai pu faire également quelques observations sur les gens, et ce qui m'a le plus frappé, c'est le corsage des Auvergnates, qui est bien l'ajustement le plus baroque que l'on puisse voir. C'est un étui raide, qui, après avoir serré la taille, se porte brusquement en avant et vient

finir en pointe à la hauteur du menton. Entre ce singulier appareil
d'orthopédie et la poitrine existe forcément un creux ou cavité profonde, dans laquelle chaque femme trouverait à loger une foule de
choses : son déjeuner, un poupon, un panier de pommes de terre, etc.
Est-ce là un ornement? Est-ce au contraire pour voiler leurs charmes
qu'ici les femmes de la campagne s'habillent de la sorte? Pauvres
femmes, elles n'en ont pourtant guère à dissimuler. Les hommes,
avec leur veste ronde et leur chapeau à larges bords, ne manquent
pas non plus de couleur locale. L'un d'eux, bon propriétaire ou gros
fermier, s'est obstiné à rester à cheval à côté de son lot de bêtes, pendant toute la durée du concours ; à six heures du soir je le voyais encore sur son bidet devant l'estrade des autorités, écoutant l'orateur
qui pérorait : bon type, je vous assure.

A cinq heures le jury délibérait encore, et il était trop tard pour
que M. D... pût attendre la proclamation des récompenses. Sa propriété se trouvant distante de Salers de près de 20 kilomètres, il nous
fallait du temps pour y arriver. Nous partîmes à six heures, mais en
repassant devant le champ du concours, je vis que la cérémonie allait
finir. Un des honorables de la réunion, je ne saurais dire lequel, était
debout et prononçait un discours. Vu la distance nous ne pûmes l'entendre, mais, étant donnée la manie du moment de faire intervenir la
République en toutes circonstances et en toutes choses, je me trom-
perais fort si l'orateur n'avait mis dans son allocution plus de politique
que d'agriculture. Je tâcherai de me procurer le compte rendu du
concours de Salers, et vous dirai si j'ai calomnié les personnages qui
ont pris la parole dans la circonstance.

A six heures donc nous roulions vers Rivière, sur une route nouvelle pour moi. Elle domine la vallée de la Maronne, dont je ne soupçonnais pas l'importance et la beauté. C'est une des plus belles du Cantal, et en voyant les larges proportions de ce magnifique sillon d'écoulement, je ne pouvais m'empêcher de sentir combien la théorie des
érosions est insuffisante pour expliquer la formation des vallées. Certainement une rivière, un fleuve, a creusé le lit qu'il occupe, son
thalweg ; mais la vallée elle-même procède d'une cause différente et
plus puissante, qui ne peut être qu'un crevassement étendu du sol,
produit par les mouvements de la masse liquide intérieure du globe ;
mouvements qui ont acquis à de certaines époques une intensité ex-
ceptionnelle et capable de soulever, de gercer, de modifier enfin de
mille manières la surface de la croûte terrestre.

Je retrouvai sur la route de vieilles connaissances de l'an passé : la ville pittoresque de Saint-Martin-Valmeroux, et, de l'autre côté de la Maronne, l'effroyable côte qui m'avait fait suer sang et eau ; ensuite les Orgues de Loubejac, la vallée de la Bertrande, le joli bourg de Saint-Chamant, le gros rocher qu'on voit tout auprès, enfin l'hospitalière maison de Rivière, dont l'accueil plein de cordialité m'a valu la meilleure soirée que j'aie passée en Auvergne cette année.

DIXIÈME JOURNÉE.

Le Lioran, 5 septembre 1879.

Mon cher confrère,

Couché hier soir à onze heures, le domestique de M. D... venait m'éveiller ce matin à trois heures, *par erreur*. Je l'aurais bien envoyé au diable avec son erreur, et vous comprendrez ma mauvaise humeur : hier la cascade de Salins m'avait fait lever avant quatre heures, et le concours de Salers m'avait beaucoup fatigué (quatre cents vaches, taureaux et génisses à juger !) ; j'avais donc un grand besoin de repos, et pour ce motif j'aurais voulu profiter de la dernière heure du sommeil que me laissait la voiture d'Aurillac, laquelle ne passait qu'à cinq heures et demie près de Saint-Chamant. Mais le valet de chambre de Rivière, dans la crainte de faillir à son devoir, avait peu dormi et était venu battre la diane dans ma chambre une heure trop tôt. Je ne pouvais en conscience me montrer trop maussade pour ce brave garçon, dont j'avais moi-même troublé la nuit, et je sus me contenir.

Vers cinq heures M. D... avait la bonté de me conduire dans sa voiture jusqu'à la route d'Aurillac, et en attendant le passage de la diligence je me mis à faire de la géologie, pour n'en pas perdre l'habitude. Ma vue fut bientôt attirée par la surface blanche d'une tranchée que la route avait ouverte dans une colline, où M. D... me dit qu'on avait mis à nu un banc de craie. Que pouvait être ce calcaire? La mer pourtant n'a jamais recouvert d'une façon durable le plateau d'Auvergne, donc pas de calcaire marin ; restait l'hypothèse d'un dépôt lacustre, et je pus en vérifier bientôt la justesse. En m'approchant de cette craie, je lui trouvai une compacité et une finesse de grain qui sont assez généralement le fait des calcaires d'eau douce; la nature des fossiles toutefois pouvait seule trancher la question, et je me mis à en chercher. Quelques blocs gisaient sur le bord de la route; je les attaquai vigoureusement, et le troisième coup de mon marteau fit apparaître une grosse lymnée, c'est-à-dire un coquillage exclusivement fluviatile ou lacustre. Donc, plus de doute, la vallée de la Bertrande a été remplie autrefois par un lac, dont les sédiments se reconnaissent encore distinctement aujourd'hui. Mais hier déjà je trouvais des sédiments dans la vallée de l'Auze, et celle de la Cère m'en avait offert de semblables l'an passé près d'Aurillac. Ainsi le cas paraît être général, et il est certain que la plupart des vallées du Cantal ont d'abord été autant de fonds de lacs, qui ont persisté jusqu'au jour où de nouveaux cataclysmes ont rompu leurs digues et déterminé l'écoulement des eaux; c'est là un fait géologique d'une grande importance. Mon musée sera redevable à ces travertins d'échantillons intéressants dont je vous ferai la surprise un jour que vous viendrez me voir.

A Aurillac je retrouvai mon fidèle Achate à l'hôtel du Commerce, vous savez, cet hôtel si peu fait pour faire maigrir les gens. Il n'avait pas perdu son temps depuis la veille; il avait vu le théâtre, visité les cafés-concerts, les barraques du champ de foire, etc., avait enfin appris à connaître la ville mieux que je ne la connaîtrai jamais. Il trouve cela beaucoup plus amusant que les minéraux, et ne me disputera jamais la possession des échantillons les plus précieux. Je fus un peu tenté de lui faire des remontrances sur l'emploi frivole qu'il avait fait de sa journée; mais toute réflexion faite je me tus, ayant jusqu'ici trouvé chez le fils de mon digne ami encore moins de dispositions pour la morale que pour la géologie.

Notre but en passant par Aurillac était de gagner le plus rapidement possible le Plomb du Cantal, point culminant du massif, à l'ascension duquel nous voulions consacrer la journée. A dix heures donc, nous prenions nos billets pour Saint-Jacques-des-Blats, dernière station de la vallée de la Cère, où devait commencer notre ascension. Je vous vois d'ici sourire d'un air moqueur, mon cher confrère : « voiture publique hier et avant-hier, voie ferrée aujourd'hui, que devient donc, me dites-vous, ce fameux voyage *à pied et sac au dos* que vous nous avez tant prôné? Il me semble que votre ardeur pour ce moyen de locomotion s'est terriblement refroidie depuis l'an passé. » Il est vrai que je n'ai jamais encore autant usé des voitures que je l'ai fait depuis trois jours; pourtant mes jambes ne sont pas restées inactives tout ce temps. Récapitulons, s'il vous plaît, leurs états de service pendant ces trois journées : avant-hier, vingt kilomètres pour aller visiter la forêt d'Argère; ce n'est pas une si mince promenade, je pense, et votre lourde personne se serait probablement déclarée satisfaite à moins. Hier, visite à la cascade de Salins, huit kilomètres à pied pour rentrer à Mauriac, plus quatre heures passées sur mes jambes à Salers, occupé

à *tâter* des bœufs, ce qui ne laisse pas que d'être assez pénible. Aujour-
d'hui, l'ascension du Cantal, c'est-à-dire une escalade de huit cents
mètres et six heures de marche. C'est suffisant, je pense, pour qu'il
soit bien avéré que je ne laisse pas rouiller mes jambes, et ne mérite
aucunement l'épithète *clampin* que vous pourriez être tenté de m'a-
dresser. Songez en outre que je ne suis pas seul, et qu'il me faut
ménager la santé de mon compagnon; son père me l'a confié pour le
promener, mais non pour l'exténuer, et je dois le lui ramener en bon
état. Enfin, considération plus puissante que toutes les autres, le temps
est incertain, des nuages courent sur l'azur du ciel, et il importe de
ne pas attendre, pour monter sur le Plomb, qu'il se soit recouvert de
brumes; sans cela, adieu notre promenade. Dumartin a déjà manqué,
par cette cause, l'ascension du Sancy, je ne veux pas lui faire manquer
encore celle-ci. Nous avons donc à nous presser, et voilà pourquoi nous
avons recours au chemin de fer. D'ailleurs notre voyage perdra-t-il de
son intérêt pour se faire aujourd'hui par cette voie? Nullement. Nous
n'avons aucun site particulier à visiter sur la Cère; ce qu'il nous faut,
c'est prendre une connaissance générale de la vallée, et nous la pren-
drons parfaitement de notre wagon, qui n'ira pas d'un train d'express
en s'élevant sur ces hauteurs. Ainsi donc, en voiture, et roule le train
vers Saint-Jacques!

Nous étions arrivés à cette station à onze heures, très satisfaits de ce
que nous avions vu en route. La vallée de la Cère est d'une richesse et
d'une ampleur que je ne lui supposais pas; c'est la maîtresse vallée du
Cantal, bien qu'elle n'en soit pas la plus pittoresque et la plus jolie;
les vallées du Mars et de la Maronne lui sont supérieures sous ce
rapport, mais elle les surpasse par ses proportions, par sa fertilité,
par la vie animale et par la population qui s'y pressent : de belles
prairies, des habitations coquettes, des troupeaux nombreux, voilà
ce qu'on y trouve jusqu'à Vic. Après cette ville, on entre dans la région alpestre, et alors commence cette succession admirable de montagnes abruptes, de ravins, de viaducs, de tunnels, qui se poursuit
sans interruption jusqu'au grand tunnel du Lioran, que nous devions
franchir le soir même.

A peine arrivés à Saint-Jacques, nous commencions l'ascension du
Plomb, le sommet le plus élevé du Cantal, sous la direction d'un guide
pris au village. La vérité est que nous aurions pu nous en passer; le
large flanc dénudé de la montagne apparaît dans toute son étendue,
et si l'on ressent de la fatigue, beaucoup de fatigue, pour en atteindre

la cime, on n'éprouve pas de difficulté pour y trouver son chemin. La présence d'un habitant du pays était cependant une garantie de plus du succès, une source de tranquillité pour nous, et nous n'avons pas voulu nous priver de cet avantage, qui nous a couté six francs, plus un dîner. Nous avancions d'abord lentement pour ménager nos forces; je voulais surtout ne pas surmener Dumartin, mais mon gaillard, qui n'avait hier ni visité de cascades ni tâté de bœufs, et qui de plus avait passé une bonne nuit à Aurillac, avait plus de jarret que moi et ne demandait qu'à monter. Ce n'était pas l'attrait de la géologie qui le soutenait; je vous l'ai dit, il est plus que froid pour cette science; il allait pourtant bientôt être obligé d'en faire malgré lui, et ne se doutait guère de ce qui lui pendait à l'oreille. A mesure que nous montions, je lui nommais les différents pics qui se dégageaient de la confusion des montagnes. Vers une heure, nous contournions la base du Puy-Brunet (1,806 mètres), et les quatre cinquièmes de notre ascension étaient accomplis. Pour l'achever nous n'avions plus qu'à franchir le col qui sépare les deux montagnes, et à escalader le mamelon hémisphérique qui surmonte la dernière crête et qui forme à proprement parler le Plomb. Nous l'avions atteint avant deux heures de l'après-midi, et pouvions tout à notre aise contempler l'immense panorama dont nous étions entourés. De quelque côté que se portât la vue, c'était un sujet d'étonnement et d'admiration; c'est qu'il n'existe pas, je crois, en France, de plus magnifique coup d'œil que celui dont on jouit de cet observatoire, d'où le regard irait facilement frapper les Pyrénées et les Alpes si la vue humaine portait jusque-là, ou plutôt si les vapeurs qui s'élèvent du sol n'altéraient la transparence de l'air. Mais sans chercher des points de vue aussi lointains, n'avions nous pas, dans le massif lui-même, des tableaux bien faits pour captiver les yeux ? Vers le sud, les escarpements superbes, qui, par étages successifs, descendent jusqu'aux plaines arrosées par l'Aveyron et par le Lot; à l'est, le riche plateau de la Planèze, fermé par les belles montagnes de la Margeride; à l'ouest, le Puy de Griou, les vallées de la Cère et de la Jordanne; au nord et au nord-ouest, le Puy-Mary, le Chavaroche, les vallées du Mars, de la Rue, de l'Alagnon, le Lioran et la grande forêt de Murat; de tous côtés, cet admirable rayonnement de pics, de crêtes, de vallées, de cours d'eau, dont les pentes du Cantal, seules, nous offrent le spectacle dans notre pays ? Quelle région grande, imposante, superbe, et comment rester froid devant ces œuvres sublimes, que la main du Créateur s'est plu à marquer du sceau de sa puissance et de

sa grandeur ? Dumartin était visiblement ému, et je profitai de cette
disposition favorable pour chercher à accroître son instruction en ré-
sumant devant lui quelques notions relatives au plateau central de la
France et au massif du Cantal, que nous avions alors sous les yeux.
Que voulez-vous, on n'est pas professeur impunément; j'avais là
sous la main un auditeur, et je ne résistai pas à la démangeaison de
lui communiquer ma science.

« Enfant, lui disais-je, depuis huit jours nos pieds foulent cet immense bloc de granite que Dieu a fait surgir au centre de notre pays.
Il est si vaste que treize départements : l'Allier, la Creuse, la Haute-
Vienne, la Corrèze, le Puy-de-Dôme, le Cantal, l'Aveyron, la Lozère,
la Loire, la Haute-Loire, le Gard, le Rhône et l'Ardèche ont été dé-
coupés en totalité ou en partie à sa surface. Longtemps ce massif, dont
l'altitude moyenne n'est pas inférieure à sept cents mètres, s'est trouvé
isolé au milieu d'océans qui en battaient les rivages, mais ne l'ont jamais recouvert de leurs sédiments. Ici pas de ces terrains stratifiés
qui se sont déposés lentement dans les mers et dont la plus grande
partie du sol de la France est formé; partout le roc vif, tantôt en
masses abruptes et dénudées, plus souvent recouvert d'une mince
couche arable produite par la désagrégation des granites, des syénites, des gneiss, des schistes, etc., qui composent ce massif. C'est assez dire que la silice presque seule forme cette terre végétale, et que
l'élément calcaire y fait à peu près complètement défaut; de là la nature spéciale et le nombre limité des végétaux qui y croissent. Certaines plantes fourragères de la famille des légumineuses en sont
naturellement exclues, et pour les obtenir l'homme est obligé de fournir à la terre le principe qui lui manque. Observe bien, pendant l'été
tu verras ici les cultivateurs répandre sur leurs guérets de la chaux
pulvérisée.

« A défaut de sédiments marins, le massif granitique du centre
de la France renferme en différents lieux des formations lacustres
d'une certaine épaisseur, et d'abord des dépôts houillers. Pendant la
période carbonifère, des marais tourbeux, de grands lacs ont couvert
le sol de cette région et sont devenus le foyer d'une active végétation
dont les débris accumulés ont donné naissance à des couches char-
bonneuses d'une réelle importance. Commentry, Ahun, Fins, Bras-
sac, Saint-Etienne, Rive-de-Gier, etc., marquent l'emplacement de
bassins aujourd'hui exploités. L'avenir en fera certainement découvrir encore d'autres, qui prouveront que le plateau central, pauvre

à sa surface, recèle dans son sein des richesses d'une valeur incalculable.

« Mais de ces divers sédiments d'eau douce, les plus étendus sans contredit sont ceux de la Limagne. Là un vaste lac, limité par un cercle de montagnes dont on voit nettement les contours, a accumulé, à l'époque de la molasse, d'épais limons d'une incomparable fertilité, préparant ainsi d'inépuisables trésors pour l'avenir. Rien de riche comme les moissons de ce pays, qui rapportent vingt pour un, et souvent plus, de la semence confiée au sol. Heureux cultivateurs de la Limagne, il connaissent donc le produit net de leurs terres, et combien peu de leurs confrères pourraient ailleurs en dire autant !

« Connaissons-nous toutes les ressources métallurgiques de nos montagnes du centre? Non, sans doute. Elles renferment certainement du fer, de l'étain, du plomb, de l'argent, du zinc, de l'antimoine. Plusieurs de ces gisements, regardés comme trop pauvres, sont restés inexploités jusqu'ici ; mais travaillons, perfectionnons nos machines, creusons des canaux, réduisons les frais d'extraction et de transport, et l'avenir nous affranchira d'une partie des millions que notre industrie paye chaque année à l'étranger pour se procurer ces matières indispensables.

« Que te dirai-je des sources thermales de ce pays? Aucune région de la France n'en a été plus richement dotée. Ici des eaux abondantes vont puiser le calorique, l'acide carbonique, des principes minéralisateurs variés dans les profondeurs du sol et les ramènent à sa surface pour le bien de l'humanité souffrante. Qui ne connaît Vichy, Vals, Néris, Royat, Chaudesaigues, Saint-Nectaire, Mont-Dore et cette reine, cette gloire des eaux françaises, la Bourboule? Qui n'a éprouvé pour les siens ou pour lui-même leurs propriétés bienfaisantes?

« Plus d'une fois ce massif granitique, ce *Plateau central de la France*, comme on l'appelle, a été ébranlé, crevassé, brisé par les convulsions géologiques. Par ces fissures de nouvelles roches de fusion se sont fait jour à travers les anciennes, et se sont répandues au-dessus d'elles, marquant ainsi les différents âges du massif et en accroissant successivement l'épaisseur. Des produits volcaniques ont aussi paru à différentes époques et se sont accumulés sur les granites. Le Cantal est un de ces points d'éjection. Vois la région bouleversée qui nous entoure ; ici fut un volcan, le plus grand de toute l'Auvergne. Un cône immense s'élevait en cet endroit, et ces pics altiers, séparés par de profondes vallées, en sont les débris. Juge par leur éloignement et par leur hauteur de l'énorme volume de ce volcan. Par une cheminée dont l'emplacement exact est incertain, la terre, bien des siècles avant l'apparition de l'homme, vomissait les phonolites, les basaltes et les trachytes dont tu as sous les yeux les amoncellements fantastiques. Suis du regard les pentes sur lesquelles ces laves se sont écoulées, tu verras comme elles ont recouvert au loin les plaines environnantes. Mauriac, Bort, Salers, Murat, Saint-Flour sont construits sur ces épanchements ou à leur limite. Si ces matières ne forment plus, comme autrefois, une couche uniforme, c'est que de nouveaux bouleversements et des érosions multipliées ont rompu la continuité des nappes primitives et ont opéré dans leur masse un morcellement qui s'accuse aujourd'hui par les îlots de ces roches qu'on rencontre çà et là. Les basaltes sont sortis à un état plus fluide, car ils se sont écoulés plus loin; ils ont aussi paru les premiers et reposent immédiatement sur les granites. Les trachytes sont plus jeunes et presque partout recouvrent les basaltes. Ici tu trouveras moins qu'ailleurs les laves-scories et les pouzzolites si abondantes dans les Monts Dômes; cependant il en existe. Tu vois ce noir rocher que porte le Puy-Mary près de son sommet, il en est entièrement formé : je l'ai vu de près l'an passé, et y trouvais, lisiblement écrite, la preuve de son origine volcanique.

« La période glaciaire, ami, a laissé également en Auvergne des traces nombreuses de son passage. Pendant l'époque quaternaire, les variations séculaires des climats produites par les lentes oscillations des pôles, ont amené, dans notre hémisphère, une série de longs hivers, qui ont considérablement abaissé vers le sud les glaces des régions arctiques. D'immenses glaciers ont alors couvert l'Europe et ont charrié au loin ces blocs erratiques dont le mode de transport a longtemps divisé l'opinion des naturalistes. Des glaciers ont, à la même époque, rempli les vallées qui nous entourent. Le temps nous a manqué pour aller interroger les témoins irrécusables de leur existence passée, nous les aurions certainement trouvés. Sur les pentes des vallées, les roches sont polies, striées par le frottement des moraines, et les blocs qui formaient celles-ci sont encore amoncelés aux pieds du Cantal, établissant la limite inférieure de chaque glacier. Comment l'homme a-t-il vécu pendant cette période de noirs frimas? Il a dû cruellement souffrir. Réfugié dans les grottes les mieux exposées, il a longtemps traîné une existence misérable, vivant côte-à-côte avec le renne, l'aurochs, le grand ours des cavernes, etc., qui l'ont nourri de leur chair, et dont les ossements mêlés aux siens forment encore aujourd'hui le

sol de ces galeries souterraines. Quel sujet d'étonnement pour les premiers investigateurs de ces demeures de l'homme primitif! Quelle
gloire aussi pour les Buckland, les Lund, les Schmerling, les Vibraye,
les Garrigou, les Lyell, les Lartet, etc., qui nous ont révélé une phase
importante de la vie de l'humanité! etc., etc. »

Par ce discours et autres semblables je m'efforçais de meubler l'esprit de mon élève et de lui inspirer le goût de l'histoire naturelle.
Mais pendant que je me livrais à ces tirades pédagogiques, ou, si vous
l'aimez mieux, pédantesques, que faisait mon satané collégien? Vous
croyez qu'il écoutait? Ah bien oui; son esprit était ailleurs, à Paris
peut-être, et je l'entendais fredonner un air dans lequel je reconnus
sans peine le *Pantalon de Nicolas*, cette mélodieuse et spirituelle chan-
son qui depuis une année fait les délices des Parisiens : « *Nicolas, ha!
ha! ha!* » Après tout j'aurais tort de lui en vouloir, pauvre enfant ;
tout le monde ne peut avoir, comme moi, le culte de la géologie, et je
sais bien que si, à son âge, on m'avait parlé *cailloux*, j'aurais à coup
sûr répondu *perdreaux*.

Une heure de géologie me parut une ration suffisante pour mon
élève, et je crus prudent d'en rester là pour aujourd'hui. D'ailleurs
nous avions faim, et je sais par expérience que la force d'attention
aux beaux discours diminue chez l'homme en proportion des exi-
gences de son estomac. A quatre heures donc nous dîmes adieu au
Plomb du Cantal, à ses pompes, à sa splendeur, et redescendîmes
vers Saint-Jacques. La descente fut plus rapide que la montée,
cependant elle exigea du temps. Outre que l'on ne peut courir sur
des pentes aussi fortes sans éprouver dans le rachis et dans les arti-
culations des jambes une commotion promptement douloureuse, nous
avions à chaque instant à nous détourner pour éviter les nappes humides qui se font jour sur le versant nord-ouest du Plomb. A six heures
cependant nous étions installés avec notre guide dans un cabaret du
village, et faisions fête à la plantureuse omelette et à la volaille que
nous avions pu nous procurer; oui, mon cher confrère, une volaille,
je n'avais pas été gâté de la sorte dans ma précédente campagne;
c'est que Saint-Jacques est le rendez-vous des touristes qui font l'ascension du Plomb, et qu'en vue de ces visiteurs les auberges du village se ménagent des ressources alimentaires qui manquent dans les
localités plus délaissées. J'aurais eu bonne grâce, en vérité, de demander l'an passé un poulet à Espinchal, au Claux ou à Cheylade. Enfin
nous en tenions un, et je vous prie de croire qu'après notre départ on

n'en voyait plus que les os ; encore n'affirmerais-je pas qu'ils fussent au complet. A huit heures un train d'Aurillac nous faisait franchir le long tunnel du Lioran, et nous allions bien vite nous coucher à l'unique auberge de cette station, somme toute très satisfaits de notre journée.

ONZIÈME JOURNÉE

Clermont-Ferrand, 6 septembre 1879.

Vous vous êtes enfin décidé à me donner de vos nouvelles, mon cher confrère; ce n'est, ma foi, pas malheureux. La poste m'a renvoyé à Clermont votre lettre, arrivée hier à Aurillac après mon départ, et, comme je m'y attendais un peu, cette lettre contient des reproches. Vous trouvez que mon style sent le commis-voyageur, et vous m'engagez à réprimer les mouvements d'une gaîté juvénile, qui ne sied, me dites vous, ni à mon âge ni à mon caractère. Mon Dieu, j'en conviens, je suis parfois gai en Auvergne, mais est-ce donc un si grand crime ? Et puis pourquoi serais-je triste, puisque je ne rencontre dans mon voyage aucune de ces circonstances qui, à Paris, m'imposent la gravité et la tristesse. Ici plus de soucis professionnels, plus d'émotions pénibles, plus de convulsions puerpérales, plus d'hémorrhagies, plus de bassins viciés, plus de meurtres volontaires, oui, plus de meurtres volontaires ; car, vous le savez, mon cher ami, la profession nous en fait quelquefois commettre. J'en ai plus d'un sur la conscience, mais je ne vous le cache pas, soit réflexion, soit que la fermeté de mes nerfs diminue avec l'âge, je commence à avoir assez de ces immolations barbares, dont la moralité me paraît aujourd'hui contestable, et la collation du baptême à d'innocentes victimes n'est plus maintenant un palliatif suffisant pour étouffer en moi le cri d'une conscience alarmée. Le dernier infanticide dont je me suis rendu coupable a, en particulier, placé sous mes yeux une scène si déchirante que je ne me sens pas pressé de la renouveler pour l'instant. C'était dans une ville voisine de Paris, où une sage-femme et deux confrères embarrassés m'avaient appelé à leur aide. Comme toujours il s'agissait d'une de ces malheureuses dont les voies rétrécies ne sauraient, au terme de la grossesse, livrer passage à un enfant vivant ; d'affreuses souffrances endurées sans résultat pendant quarante-huit heures le prouvaient amplement. L'épuisement commençait à se manifester chez cette femme, dans son intérêt il fallait agir, et cependant des pulsations cardiaques bien frappées dénotaient, chez le fœtus, la persistance de la vie et de la santé. Nous délibérâmes longuement sur ce cas, et la conclusion de nos débats fut que l'enfant devait périr. J'alléguai bien, timidement, trop timidement, c'est vrai, qu'il avait aussi des droits à la vie, que la section césarienne est loin d'être constamment mortelle, que Tarnier et moi lui devions chacun un succès cette année: vains scrupules, défense tardive; j'étais seul contre trois, il me fallut céder au nombre. Comme spécialiste et comme le plus âgé de cet aréopage, je fus chargé d'appliquer l'affreuse sentence. Pour ménager la sensibilité de la mère, du chloroforme lui fut donné, et bientôt son sommeil fut profond. Mais au bout de quelques minutes l'action de l'anesthésique parut s'affaiblir ; à la torpeur succéda une sorte de coma vigil, une étrange hallucination, pendant laquelle cette femme se voyait heureusement délivrée, serrant son enfant dans ses bras, et, sous l'empire de cette illusion, s'adressant à sa mère avec le rayonnement de la joie la plus vive: « Mère, lui disait-elle, je suis une femme heureuse; vois comme ma fille est belle; tu l'aimeras, mère, comme tu m'as aimée! »

Or, au moment où cette malheureuse s'abandonnait, dans son rêve, à toute l'ivresse du sentiment maternel, savez-vous ce qui s'était passé ? Vous le devinez sans doute : sa fille (c'en était une) avait cessé d'être ; un fer aigu enfoncé dans sa tête l'avait fait passer de vie à trépas; son sang et sa cervelle remplissaient une cuvette ; comme un vulgaire assassin j'en étais couvert de la tête aux pieds. Malgré tous mes soins, au bout d'une semaine mes vêtements portaient encore les traces de l'horrible exécution ; chaque jour une macule sanglante, oubliée la veille, venait me rappeler avec un inexprimable sentiment de tristesse et de honte l'erreur de cette mère et la hideuse besogne dont je m'étais chargé. Aujourd'hui encore, à deux mois d'intervalle, ce souvenir me poursuit et m'obsède.

Vous, qui êtes un brave cœur, et qui peut-être regardez le sacrifice de l'enfant comme la solution la plus simple et la plus pratique des difficultés inhérentes à ces cas malheureux, vous tenterez de me raffermir, en rappelant les arguments qu'on peut mettre en avant pour justifier ma conduite. Eh, parbleu, je les connais ces arguments: l'hystérotomie est trop dangereuse pour la mère; sa vie a une toute autre valeur que celle de l'être chétif qu'elle porte dans son sein, etc., donc celui-ci doit mourir; moi aussi j'ai soutenu longtemps cette thèse impitoyable, mais j'en suis revenu et j'y renonce. Je ne me fais pas d'illusion d'ailleurs, ma défection ne saurait faire grand mal à la doctrine ; son représentant le plus écouté est là pour la défendre, il détient la chaire de l'enseignement officiel, et probablement continuera à entraîner à sa suite la jeunesse de notre école. C'est égal, le cri de cette femme hallucinée : « Tu l'aimeras, mère, comme tu m'as aimée ! » retentit encore douloureusement dans mon cœur, et il n'est pas probable que je m'expose à l'entendre une seconde fois.

Mais je m'aperçois, mon cher confrère, que je me suis écarté quelque peu de mon sujet ; c'est votre faute, aussi pourquoi m'avez-vous reproché ma gaîté, et prétendez-vous que mon style sent le commis-voyageur ? Qu'il sente le bœuf gras, comme mon appareil, passe encore ; mais le commis-voyageur, savez-vous que ce n'est pas flatteur ? Je dois croire cependant que ce jugement, venant de vous, est fondé ; aussi vais-je m'efforcer de corriger mon style de ses défauts.

Le Lioran, où nous avons passé la nuit, est une station du chemin de fer d'Arvant à Aurillac unique en France. Elle est située à 1,152 mètres d'altitude, au débouché du magnifique tunnel par lequel on passe du bassin de la Garonne dans celui de la Loire, à travers la base du Puy-Lioran ou Massubiau. Ce tunnel est aujourd'hui le plus élevé des tunnels de l'Europe après celui du Mont-Cenis, et il reste supérieur à la percée du Saint-Gothard, qui atteint seulement 1,134 mètres de hauteur superocéanique. La station se compose de quatre ou cinq maisons, y compris la gare. Cette dernière touche au ravin de l'Alagnon naissant, tandis que les autres maisons s'alignent sur le bord de la route, qui, elle aussi, traverse le Puy-Lioran par un second tunnel percé à trente mètres au-dessus de celui du chemin de fer, et de 1,410 mètres de longueur. Le site est magnifique, c'est-à-dire sévère et sauvage au possible ; c'est une gorge profonde, dont les pentes, excessivement élevées, sont couvertes de grands sapins ; on ne voit de tous côtés que cette sombre verdure. C'est très beau, très attachant quand, comme nous, on y passe une journée, mais quand on y réside une partie de l'année, ce doit être triste à la longue.

C'était aujourd'hui mon dernier jour d'Auvergne, et bien que le temps commençât à se gâter, je voulus utiliser les heures qui me restaient. Je sortis de bon matin, mais cette fois encore je me suis trouvé seul dans ma promenade. Dumartin, qui se sentait fatigué par notre course d'hier sur le Plomb, restait à causer avec le personnel de l'auberge, composé d'une grosse mère réjouie, d'une parente à elle et de la nièce de celle-ci, fillette de quinze ans, vraiment fort agréable. Il s'était aussi pris d'amitié pour le porte-respect de la maison, un molosse long d'un mètre 50 cent., haut de 80 cent., avec des crocs de 2 cent. et 1/2 ; je les ai mesurés (avec l'aide de sa maîtresse, s'entend ; seul, je ne m'y serais pas risqué). Corbleu, quel porte-respect, mon cher confrère! malgré la solitude du lieu, grâce à cet animal, me dit l'hôtesse, les passants ne lui avaient jamais causé le moindre désagrément. Je le crois, fichtre, bien ; mais je n'affirmerais pas qu'inversement elle et son chien n'aient jamais causé de *désagréments* aux passants ; avec une pareille mâchoire et un peu de bonne volonté de la part de l'animal, je vous assure qu'un muscle grand-fessier a bien vite quitté sa place.

A sept heures du matin, laissant donc Dumartin en compagnie des trois femmes et sous la garde du molosse, je partais seul pour visiter le Puy voisin, dont, de la maison, je voyais le cône se dresser fièrement au-dessus des deux tunnels. Le sentier dans lequel je m'engageai m'en fit d'abord contourner la base au milieu des sapins et m'amena ensuite dans des prairies, où je pus déjà me rendre compte de la disposition du terrain. J'étais évidemment dans un cirque immense dont le Puy Lioran occupe le centre. Pour mieux juger de l'ensemble j'escaladai cette montagne ; au bout d'une heure j'étais assis sur sa pointe, et n'avais qu'à tourner sur moi-même pour prendre une connaissance parfaite du pays. Ce que je vis là confirma pleinement ma première impression sur la nature des lieux ; j'étais bien au centre d'un grand cratère de soulèvement, et perché sur le sommet du cône de trois cents mètres de hauteur qui lui a donné naissance. Vous ne savez peut-être pas, mon cher confrère, ce que *nous* autres géologues entendons par un cratère de soulèvement? C'est une vaste excavation produite par le soulèvement d'une masse rocheuse refoulée au dehors par les forces intérieures du globe ; cette masse soulevée s'insinue comme un coin dans la croûte terrestre, de sa profondeur vers sa surface, et, suivant sa puissance de soulèvement, vient faire de suite saillie au-dessus d'elle, ou reste enfouie sous les décombres qu'elle a soulevés, pour n'apparaître que plus tard quand ces débris auront été entraînés par les eaux. Dans les deux cas, le résultat est le même pour la région où s'accomplit le phénomène : le sol environnant est disloqué, brisé, morcelé, trituré de mille manières ; des éboulements immédiats en enlèvent une partie, les pluies délayent et emportent le reste, une cavité cratériforme prend ainsi naissance. Si un seul cône est soulevé, la cavité formée ou le cratère sera circulaire, nous aurons

un cirque; si deux, trois ou un plus grand nombre de cônes semblables se soulèvent à peu de distance les uns des autres sur une même
ligne, nous aurons un cratère allongé ou une vallée; telle est en effet
l'origine de plusieurs vallées de l'Auvergne, les buttes rocheuses successives qu'on y remarque l'établissent dès le premier coup d'œil. Au
Lioran, le cône de soulèvement est unique, aussi là trouvons-nous un
cirque, mais quel cirque, quel cratère, mon cher confrère; comme il
est beau, comme il est régulier, comme il est vaste! Près de trois
kilomètres de diamètre vers le fond, et le double à son orifice! Au
milieu de cette enceinte se dresse le Puy-Lioran, qui l'a formée, et
qu'entoure une vallée circulaire dont chaque moitié est le point de départ d'une belle rivière. L'hémicycle nord envoie ses eaux à l'Alagnon, qui s'écoule vers l'est; l'hémicycle sud donne les siennes à la
Cère, qui les emporte vers l'ouest. Dans ces deux directions en effet
une brèche s'est produite dans les parois du cratère, et fournit le passage nécessaire à l'écoulement des eaux. Sans cette double rupture,
au lieu des prairies et des forêts que nous voyons au Lioran, nous aurions là un lac arrondi, avec une île au centre. Je n'ai pas assez voyagé
pour avoir rencontré cette disposition, mais par analogie je puis affirmer qu'elle existe en maints endroits dans les montagnes.

Après m'être suffisamment repu l'esprit et les yeux du spectacle
très beau et si instructif qui s'offrait à moi sur le Lioran, il me vint
une idée bizarre, une idée anglaise, c'est-à-dire celle d'un homme
tourmenté par le spleen et avide d'émotions extraordinaires, c'est,
après être passé hier soir par le tunnel du chemin de fer, dans la
vallée de l'Alagnon, de redescendre aujourd'hui dans celle de la Cère,
que j'avais à mes pieds, et de rentrer au Lioran par le tunnel de la
route. Sans plus tarder je me mis à la réaliser. Vous me direz peut-
être que mon action était extravagante? La chose est discutable, mais
c'était plus fort que moi; vous le savez, quand une idée fausse me
traverse seulement l'esprit, je m'emballe, et me voilà sans nécessité
aucune réclamant un lion à Condat ou me fourrant ici dans une caverne. Après tout est-ce donc si absurde ce que j'ai fait là? Je soutiens le contraire, moi, et probablement plus d'un esprit sensé sera
de mon avis. Je me procurais honnêtement des sensations nouvelles,
et n'est-ce pas par nos sensations que nous apprécions la vie, que
nous en mesurons l'intensité? Plus elles sont neuves, plus elles sont
insolites, plus elles sont vives, plus aussi nous sentons vibrer forte-
ment cette flamme mystérieuse que le créateur a mise en nous pour

antiner la poussière de notre corps. Et puis où retrouverais-je une occasion semblable de parcourir 1,100 mètres à 300 pieds sous terre,
plongé par instants dans les ténèbres, et prenant un avant-goût du
froid humide de mon sépulcre? Oui, mon cher confrère, vous avez
raison, assez de gaité comme cela, assez de folies et de sottises dé-
bitées ces jours-ci; songeons aujourd'hui à la mort, elle est proche
peut-être; le tunnel du Lioran est fait pour y ramener la pensée, et
sa traversée ne pourra m'être que salutaire; entrons-y résolument.
Eh bien, vous l'avouerai-je, mon cher ami, malgré tout mon courage
(non, mille tonnerres, je ne suis pas un lâche), malgré mes invincibles
penchants pour *l'obscurantisme*, qui devaient me pousser en avant, après
avoir parcouru 100 mètres dans cette ténébreuse galerie, l'air épais
qu'on y respire, le retentissement lugubre de mes pas, l'eau glacée
qui suinte des voûtes et vous frappe le visage, m'avaient si bien im-
pressionné que je tournai les talons et sortis du souterrain; tant
l'homme, même le plus obscurantiste, a d'horreur instinctive pour
les ténèbres et pour tout ce qui rappelle la mort et le tombeau! C'était
bête au possible ce moment de défaillance, je lui dois d'avoir fait aujourd'hui sous terre 200 mètres de plus qu'il n'était besoin, car j'a-
vais décidé de traverser le tunnel, et je n'admets pas que quand chez
moi l'âme a parlé, l'*autre* fasse des façons pour obéir et discute les
ordres qui lui sont donnés. Aussi après m'être raffermi un instant
par la vue du ciel, de la lumière, de cette magnifique vallée de la
Cère, que je quittais peut-être pour toujours, je réenfilai mon souterrain, et cette fois pour n'en sortir qu'à l'autre bout. C'est une étrange
promenade et pas gaie du tout, je vous assure. Le tunnel est droit
comme un I, mais on n'y aperçoit pas la lumière du dehors parce
qu'on a fermé ses extrémités de deux demi-portes distantes l'une de
l'autre d'une dizaine de mètres, sans doute pour briser un courant
d'air dangereux. Quarante lampes devraient y brûler jour et nuit,
mais la vérité est qu'un certain nombre d'entre elles manquent ou
s'éteignent et qu'on parcourt par moments plus de 100 mètres dans
une obscurité complète. On a, il est vrai, pour se guider, les points
lumineux des réverbères lointains, mais dans la section qu'on occupe
l'espace est si noir que les murs qui vous touchent sont absolument in-
visibles. Enfin après une marche de vingt minutes, accélérée par le
malaise inévitable d'un pareil séjour, je retrouvais avec un vif sentiment de soulagement l'air pur et la lumière, et la noire forêt du
Lioran me paraissait pour l'heure un parterre fleuri.

Dumartin avait tout préparé pour notre départ, mais quand il apprit ma traversée du tunnel, il devint furieux, affirma que rien ne l'aurait plus intéressé que cette promenade, et voulait m'obliger à la refaire. A mon tour je me fâchai et l'envoyai se promener; c'était vraiment trop fort. Ce petit monsieur invente mille prétextes pour esquiver mes leçons de géologie et d'agriculture, et quand il a compris que l'une d'elles aurait pu lui faire passer un bon moment, il s'emporte, me fait des scènes et prétend que je l'ai trahi. Je veux bien me montrer complaisant pour le fils de mon meilleur ami, mais je n'entends pas qu'il me fasse tourner comme une girouette. « Retourne, si tu veux, au Lioran une autre année, lui dis-je, quant à moi je le connais et m'en tiens là .» A la fin pourtant je parvins à le calmer, et après déjeuner l'entraînai vers la gare, où, à une heure de l'après-midi, un train nous emportait vers Arvant. Malgré les brumes qui s'étaient formées et la pluie qui commençait à tomber, j'ai pu voir la vallée de l'Alagnon et me convaincre qu'elle ne vaut pas à beaucoup près celle de la Cère. A partir de Massiac cependant elle devient pittoresque; la rivière coule entre deux hautes falaises de gneiss, que l'on côtoie jusqu'à la station de Lempdes. On se trouve alors dans la plaine, et l'on est sorti de l'Auvergne; mais on y rentre pendant quelques instants avec la vallée de l'Allier, qui, elle aussi, est fort accidentée depuis Issoire jusqu'au Cendre; puis recommence la plaine, c'est-à-dire la Limagne, et bientôt l'on arrive à Clermont-Ferrand. C'est dans cette ville que nous allons coucher; demain nous serons à Paris, où je ne tarderai pas à vous voir et à me replonger dans les présentations vicieuses, les rétrécissements et les délivrances artificielles.

Et maintenant, mon cher confrère, adieu pour longtemps à l'Auvergne ! Elle m'a procuré d'immenses jouissances, et je la quitte avec tristesse. S'il ne vous a pas été trop pénible de me suivre jusqu'ici, l'année prochaine je vous conduirai en Velay et en Vivarais; là encore nous aurons beaucoup à voir et à admirer.

Paris. — Typ. A. PARENT, rue Monsieur-le-Prince, 29-31.